アグリフォトニクスⅢ
－植物工場の最新動向と将来展望－
Agri-Photonics Ⅲ
－The Latest Technologies and Prospects of Plant Factories－

監修：後藤英司
Supervisor：Eiji Goto

シーエムシー出版

刊行にあたって

　植物工場は，天候に左右されずに年間を通して高品質な野菜や花などの作物を計画的・安定的に生産することができる画期的な植物生産システムである。農業人口の高齢化や，近年の異常気象に伴う豪雨など相次ぐ大規模災害の影響により，作物の安定した供給が求められている。また，消費者の安全・安心な食料への意識の高まりにより，今まさに植物工場は，高付加価値の農作物を生産・供給する場として発展が期待されている。

　植物工場はまた，工業原料用植物や植林用樹木の苗の大量生産，薬用植物の生産，医療用原材料用植物の生産の場としても注目されている。

　植物工場には，太陽光利用型と，1980 年代に日本で開発された人工光型のタイプがある。とくに LED を採用した人工光型の植物工場は，植物生育に有効な多種の波長の素子を作り出すことが可能であり，生産施設向けの植物用光源の販売も行われている。近年は大手電機メーカーから食品メーカーまで様々な企業が参入し，各社の強みを生かした生産が行われている。

　本書は，ご好評を受けて『アグリフォトニクス―LED を利用した植物工場をめざして―』（2008 年発行），『アグリフォトニクス II―LED を中心とした植物工場の最新動向―』（2012 年発行）に続く第 3 弾の書籍となっている。日本国内で精力的に進められている「LED と植物育成」をテーマに，今回も，植物反応を詳細に調べる基礎研究，生産現場を見据えた栽培試験，植物育成用照明装置の開発，照明装置の応用，LED を用いる植物工場の実際まで幅広い内容をまとめ，最新のデータを加えた内容となっている。

　本書を通じて研究開発動向の理解と知識を得て，LED 植物工場の将来像を描いていただけますと幸いです。

2018 年 11 月

シーエムシー出版　編集部

執筆者一覧（執筆順）

後 藤 英 司　千葉大学　大学院園芸学研究科　教授

渡 邊 博 之　玉川大学　農学部　先端食農学科　教授

荊 木 康 臣　山口大学　大学院創成科学研究科　教授

村 上 貴 一　山口大学　大学院創成科学研究科；日本学術振興会特別研究員

金 満 伸 央　スタンレー電気㈱　照明応用事業部　主事

片 山 貴 等　日本アドバンストアグリ㈱　スマートアグリ事業部　研究開発

西 田 真ノ輔　日本アドバンストアグリ㈱　スマートアグリ事業部　設備開発

松 本 康 宏　日本アドバンストアグリ㈱　スマートアグリ事業部　取締役

岡 﨑 聖 一　㈱キーストーンテクノロジー　代表取締役社長・CEO；
　　　　　　　横浜国立大学大学院　環境情報学府　博士後期課程

秋 間 和 広　シーシーエス㈱　光技術研究所　技術・研究開発部門　光技術研究部
　　　　　　　主査

八 谷 佳 明　パナソニック㈱　コネクティッドソリューションズ社
　　　　　　　アグリ事業SBU　企画部　事業企画課　課長

久 綱 健 史　ウシオ電機㈱　技術統括本部　新規開拓室
　　　　　　　プロジェクトマネージャー

福 田 弘 和　大阪府立大学　大学院工学研究科　機械系専攻　教授

守 行 正 悟　大阪府立大学　大学院工学研究科　機械系専攻　非常勤研究員

谷 垣 悠 介　大阪府立大学　大学院工学研究科　機械系専攻　客員研究員

福 田 直 也　筑波大学　生命環境系　准教授

久 松 　 完　(国研)農業・食品産業技術総合研究機構　野菜花き研究部門
　　　　　　　花き生産流通研究領域　上級研究員

地 子 智 浩　(一財)電力中央研究所　エネルギーイノベーション創発センター
　　　　　　　カスタマーサービスユニット　研究員

富士原 和 宏　東京大学　大学院農学生命科学研究科　教授

庄 子 和 博　(一財)電力中央研究所　エネルギーイノベーション創発センター
　　　　　　　上席研究員

大橋(兼子)敬子　玉川大学　農学部　先端食農学科　教授

目　　次

【総　論　編】

第1章　光と植物工場　　後藤英司

1　はじめに ……………………………… 3
2　植物工場の種類 ……………………… 3
3　植物工場の光源 ……………………… 4
　3.1　人工光型 ………………………… 4
　3.2　太陽光型 ………………………… 6
4　LEDの活用場面 ……………………… 6
5　植物に作用する光の波長域 ………… 8
　5.1　光源 ……………………………… 9
　5.2　植物 ……………………………… 9
6　植物の光に対する反応 ……………… 9
7　植物が光質を認識する方法 ………11
8　光質のパラメータ …………………11
　8.1　B/R比とR/B比………………11
　8.2　R/FR比 …………………………11
　8.3　フィトクロム光平衡 ϕ(Pfr/P) ……11
　8.4　UVの強度 ………………………12
9　植物育成用光源としてのLED利用の留意
　　点 ……………………………………12
　9.1　波長別のエネルギーと光量子数 ……12
　9.2　白色LED………………………14

第2章　植物工場の現状と将来　　渡邊博之

1　はじめに ……………………………17
2　植物工場開発の歴史 ………………19
3　植物栽培に必要な光技術 …………21
　3.1　植物栽培用光源 ………………21
　3.2　野菜の栽培光源としてのLED ……21
4　光学センシングを用いた植物の栽培制御
　……………………………………………24
　4.1　植物工場における光学センシング技
　　　術 …………………………………24
　4.2　植物工場における環境センシング …24
　4.3　植物の生育モニタリング ………25
5　植物工場技術の今後の展開 ………26

第3章　人工光環境と植物の光合成　　荊木康臣，村上貴一

1　はじめに ……………………………28
2　光強度と光合成 ……………………28
　2.1　光強度のメトリクス …………28
　2.2　光-光合成曲線 ………………28
　2.3　光強度の履歴効果 ……………29
3　光質と光合成 ………………………30
　3.1　光質の評価法 …………………30
　3.2　光合成作用スペクトル …………30
　3.3　単色光の交互照射 ……………32
　3.4　光質の履歴効果 ………………32
4　植物の光合成評価法について ……33
　4.1　光合成速度の評価法 ……………33
　4.2　ガス交換速度測定 ……………33
　4.3　クロロフィル蛍光測定 ………33

| 4.4 分光反射測定 …………………34 | 4.5 成長速度解析 ………………34 |

【LED の照明技術 編】

第4章　植物育成用白色 LED の開発と応用　　金満伸央

1 はじめに ……………………39	4.1 閉鎖型植物工場用照明 …………43
2 白色 LED の発光方式 …………39	4.2 補光用照明 ……………………45
3 植物育成用白色 LED の開発 ………40	5 おわりに ……………………47
4 植物育成に適した照明器具 ………43	

第5章　3波長ワイドバンド LED の光質における植物の高付加価値化　　片山貴等, 西田真ノ輔, 松本康宏

1 はじめに ……………………48	育に与える影響 …………………53
2 青色光によるレタス着色の促進について ……………………48	5 健康食品事業へ ………………54
	5.1 ストレス負荷栽培環境技術 ………54
3 白色光による密接栽培マイクログリーンの効率的生育技術 ………50	5.2 アイスプラント「ツブリナ」の健康食品事業化 ………………55
4 光質がアイスプラント「ツブリナ」の生	6 おわりに ……………………56

第6章　高付加価値高栄養・機能性野菜生産を可能にする植物工場用 LED 照明技術　　岡﨑聖一

1 はじめに ……………………58	影響 ……………………………63
2 植物工場用 LED 照明に求められる性能 ……………………58	5 未病改善高栄養・高機能性野菜生産技術の実用化（代謝産物生合成量制御）………65
3 エネルギー効率の重要性 …………61	
3.1 蛍光ランプ ………………62	6 野菜摂取による健康増進と植物工場産野菜の特徴を活かしたニッチ市場創出の可能性 ……………………………67
3.2 発光ダイオード（LED） ………63	
4 放熱設計の巧拙が LED の寿命に与える	

第7章　LED照明による成長促進効果を最大限に引き出す技術　　秋間和広

1　はじめに ………………………………69
2　植物栽培用LED照明による成長促進効果 …………………………………………70
3　成長促進の結果発生する生理障害（チッ

プバーン）の問題 ……………………73
4　LED照明による栽培に適した培養液処方の開発 ……………………………………75
5　おわりに ………………………………78

【植物栽培ランプと高輝度放電灯 編】

第8章　植物栽培ランプ　　八谷佳明

1　はじめに ………………………………83
2　栽培中の植物への紫外線照射により病害を抑制するランプ「UV-B電球形蛍光灯反射傘セット」………………………83
　2.1　UV-B電球による病害抑制について …………………………………………84
　2.2　UV-B電球の設置導入実績のある植物について ………………………87
　2.3　草丈伸長植物へのUV-B照射について …………………………………88
　2.4　UV-B電球によるその他の効果につ

いて ……………………………………89
3　植物栽培ランプに関するその他の取り組み …………………………………………89
　3.1　苗栽培に関する取り組み（紫外線付加Hf蛍光灯）………………………89
　3.2　植物の栽培期間の短縮に貢献するランプ「植物工場用LEDランプ」……90
　3.3　きのこ栽培に関する取り組み（LDモジュール）………………………90
4　おわりに ………………………………91

第9章　高輝度放電灯（高圧ナトリウムランプ）　　久綱健史

1　はじめに ………………………………93
2　光とは何か ……………………………94
3　光の強度を表す単位 …………………95
　3.1　照度 …………………………………95
　3.2　光合成有効光量子束密度 …………95
　3.3　光合成有効光量子束と効率 ………95
　3.4　放射照度 ……………………………95
4　さまざまな光源の種類と特徴 ………96
5　高圧ナトリウムランプの歴史と技術 ……97

　5.1　歴史 …………………………………97
　5.2　技術 …………………………………97
6　LEDとの比較 …………………………98
7　ナトリウムランプの設置について ……99
8　高圧ナトリウムランプの効果 ………99
　8.1　韓国の晋州における試験 …………99
　8.2　北海道サラダパプリカ㈱における事例 ……………………………………101
9　おわりに ……………………………102

【植物工場 編】

第10章　玉川大学 LED 植物工場
― Sci Tech Farm「LED 農園」―　　渡邊博之

1　はじめに ………………………… 105
2　ダイレクト冷却式ハイパワー LED の採用 ……………………………………… 107
3　多段式水耕栽培システムの採用 ……… 108
4　クリーンな栽培環境 ………………… 108
5　自動栽培システム …………………… 108
6　ICT の導入 …………………………… 109

第11章　大阪府立大学における植物工場の基盤研究
―生体計測・制御技術―　　福田弘和，守行正悟，谷垣悠介

1　はじめに ………………………… 112
2　大阪府立大学植物工場研究センター … 112
　2.1　研究センターの設置 ……………… 112
　2.2　量産実証研究棟 …………………… 113
　2.3　量産実証研究の第 2 フェーズ …… 115
3　次世代ソフトウェアと生体計測・制御技術 ……………………………………… 115
4　数理科学・情報学的アプローチによる生体計測・制御技術の開発 ……………… 117
　4.1　植物栽培における概日リズムの普遍性 ………………………………………… 117
　4.2　成長予測技術（優良苗診断技術） ……………………………………………… 118
　4.3　生産安定化技術 …………………… 120
　4.4　環境最適化技術 …………………… 120
5　今後の展望 …………………………… 121

【植物工場の照明技術 編】

第12章　温室における補光栽培　　福田直也

1　農業生産現場における補光技術 ……… 125
2　光合成促進を主目的とした補光の照明方法 ……………………………………… 125
3　補光における理想的な照明方法とは？ ……………………………………………… 129
4　作物栽培現場で用いられている各種人工光源の特性 ………………………… 130
5　LED を利用した補光栽培技術とその可能性 ………………………………………… 131
　5.1　光質による野菜や花の開花制御 … 135
　5.2　人工光利用による植物の代謝制御 ……………………………………………… 135
6　おわりに …………………………… 135

第13章　電照補光による花きの開花調節
―電照によるキクの花成抑制事例を中心に―　　久松　完

1　はじめに …………………………… 137
2　光周性花成反応による分類 ………… 137
3　日長調節の方法 …………………… 138
4　花成決定の鍵因子：フロリゲンとアンチ
　フロリゲン ………………………… 139
5　ゲート効果 ………………………… 140
6　キクの光周性花成のしくみ ………… 140
7　キクの暗期中断を認識する光センサー
　………………………………………… 143
8　おわりに …………………………… 144

第14章　矩形パルス光照射がレタス個葉の純光合成速度に
及ぼす影響　　地子智浩，富士原和宏

1　はじめに …………………………… 147
2　パルス光照射実験手法 ……………… 148
　2.1　パルス光作出手法 ……………… 148
　2.2　純光合成速度測定手法 ………… 148
3　パルス光下の光合成 ……………… 148
　3.1　連続光下の純光合成速度に基づく計
　　算 ………………………………… 148
　3.2　光合成中間代謝産物の生産と蓄積
　　……………………………………… 149
　3.3　光合成中間代謝産物と Lightfleck
　　（陽斑）下の光合成 ……………… 150
　3.4　パルス光下の光利用効率 ……… 150
　3.5　パルス光下の個葉光合成モデル … 151
4　パルス光が純光合成速度に及ぼす影響
　………………………………………… 152
　4.1　パルス光下のコスレタス葉の純光合
　　成速度 …………………………… 152
　4.2　パルス光下のコスレタス以外の植物
　　の純光合成速度 ………………… 153
　4.3　パルス光下／連続光下の植物の純光
　　合成速度比較と植物栽培へのパルス
　　光利用 …………………………… 153
5　人工光植物栽培における調光としてのパ
　ルス光利用 ………………………… 154

第15章　分光分布制御型 LED 人工太陽光光源システム　　富士原和宏

1　はじめに …………………………… 156
2　ハードウェア構成 ………………… 157
3　LED モジュールの概要 …………… 158
4　任意の分光放射照度分布（SID）の光の
　作出法 ……………………………… 159
5　ソフトウェア構成 ………………… 161
5.1　電圧 – SID データベース取得 …… 162
5.2　最良近似 SID 決定 ……………… 163
5.3　作出光照射 ……………………… 163
6　光源システムによる作出光 ……… 163
7　おわりに …………………………… 166

【高機能植物の生産 編】

第16章　光環境制御による葉菜類の機能性向上　　庄子和博

1　はじめに ……………………………… 171
2　レタスの機能性向上技術 …………… 171
3　ハーブ類の機能性向上技術 ………… 173
4　葉菜類の光応答メカニズムの解明 …… 177
5　おわりに ……………………………… 180

第17章　光環境制御による薬用植物の生産と機能性向上
大橋(兼子)敬子

1　はじめに ……………………………… 181
2　人工光型植物工場での栽培に適した品種
　の選抜 ………………………………… 182
3　ビンドリンおよびカタランチンの生産に
好適な光環境条件の探索 …………… 183
4　UV-A補光照射によるビンブラスチンの
　生産 …………………………………… 185

第18章　紫外線照射によるファイトケミカル合成の促進　　後藤英司

1　はじめに ……………………………… 190
2　ファイトケミカル …………………… 191
3　UVとファイトケミカル ……………… 192
4　赤系リーフレタス …………………… 192
　4.1　紫外線LEDを用いた試験 ……… 192
　4.2　UV照射下のアントシアニン生合成
　　遺伝子の発現 …………………… 193
　4.3　UV照射下のアントシアニン含有量
　　と抗酸化能 ……………………… 195
5　ハッカとモロヘイヤ ………………… 196
　5.1　ハッカ ………………………… 196
　5.2　モロヘイヤ ……………………… 197
6　おわりに ……………………………… 198

【付　録】

植物用LED照明器具特性表のガイドライン ………………………… **後藤英司，富士原和宏**……203

総論編

第1章　光と植物工場

後藤英司[*]

1　はじめに

植物工場は，天候に左右されずに同一作物を同一品質で年間を通して生産する画期的な植物生産システム[1]であり，農業従事者の長年の夢であった計画生産を可能にした。我が国では，1980年代に葉菜類の生産工場が実用化され，2000年代に入ると苗生産システムが実用化された。我が国では農林水産省と経済産業省が農商工連携の推進および6次産業化のモデルとして植物工場の普及促進を後押ししており，この2000年代後半から現在までの植物工場の普及は目覚ましいものがある（第2章参照）。また人工光型植物工場の技術は世界に広がっており，韓国，中国，台湾などのアジア先進国では2010年代初頭から商業利用が始まっている。米国やオランダなどの欧米でも2015年頃から商業利用が開始されている。

他方，発光ダイオード（Light Emitting Diode, LED）は，20世紀後半に誕生して以降急激に進歩し，様々な産業で使用されるようになった。農業分野では，1990年代に入り，LEDと植物工場を融合して21世紀型植物生産を目指す研究開発が始まった。当初はLEDは高価で，利用できる波長も限られていたため一部の研究者しか扱えなかったが，2000年以降，価格が下がり，植物生育に有効な多種の波長域の素子を組み合わせられるようになった。照明分野では，素子および照明器具の技術的発展もあり，2010年代に入ると一般照明用のLED商品が販売され始め，我が国では，現在はLEDが蛍光ランプよりも主流になっている。

本章では，植物工場の種類とそこで使用されている光源を説明し，今後LEDが利用される場面を述べる。つぎに，LEDは波長幅が狭い光源であり，他の光源と性質が異なるため，留意すべき点を述べる。また，本書を読むにあたり知っておくとよい専門用語と植物反応について解説する。

2　植物工場の種類

植物工場は光の利用形態から人工光型と太陽光型に分けられる（図1）。人工光型は，外界と遮断した人工環境を創造し，その中で植物生産を行う。人工光を用いて，植物に効率的に光合成を行わせる環境条件を作り出すことができる。1年中好適な生育条件を作れるので厳密な計画生産に向いている。また，人工気象室で得られる研究成果をそのまま活かしてスケールアップでき

---

[*]　Eiji Goto　千葉大学　大学院園芸学研究科　教授

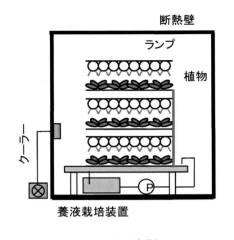 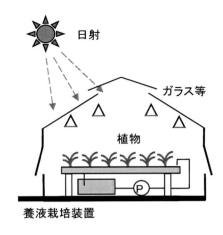

図1　植物工場の種類

る点もメリットである。人工光型は，生産する作物が野菜の場合は野菜工場，苗の場合は閉鎖型苗生産システム[2]と呼ばれている。

　太陽光型は，人工光を用いて補光を行う人工光併用型と補光を行わない太陽光型を含む。いずれも建物は屋根面に透明な被覆資材（ガラスまたはプラスチック）を用いる温室で，養液栽培システム，暖房装置，作業機械などを備えて，コンピュータ制御による高度な環境調節を行うが，それでも屋外の気象の影響を受けるため，施設内の環境条件は光合成の最適条件からずれている。その意味では太陽光型は理想的な工場とは言えないが，季節に合わせて作型と栽培管理法を工夫すれば高品質の植物を生産する場に相応しく，今後は施設園芸の大規模化[3]，高度化とあわせて普及するであろう。

3　植物工場の光源

　植物生産に必要な光強度（PPFD，後述）は，葉菜類と花卉でおよそ150〜300 μmolm^{-2}s^{-1}，果菜類では300〜800 μmol m^{-2} s^{-1}である。植物に照射した光エネルギーのうち光合成により糖の化学エネルギーとして固定できるのは1〜2%であり，残りは熱として室内に放出される。植物工場ではこの熱を冷房で除去する必要があり，光源の選択と空調コストの削減は大きな課題である。そのため，光源には電気から光への変換効率が高く，植物に作用する波長域を多く含むタイプが選ばれる。従来から植物工場で使用される光源には以下のものがある。

3.1　人工光型

　植物育成用の光源は，照明に使用されている光源の中で，電気−光変換効率が高くかつ植物に

第1章 光と植物工場

有効な波長を多く含む光源が使われる。従来から高圧ナトリウムランプ，メタルハライドランプ，蛍光ランプが使用されている。どの光源も複数の波長域タイプがあり，また最近は調光可能な光源が増えているため，さまざまな光環境を作ることが容易になっている。蛍光ランプでは高出力の白色系の高周波点灯専用形（Hf蛍光ランプ）の利用が多い（図2）。メタルハライド系では，高効率で長寿命のセラミックメタルハライドランプを使うケースが多い（図3）。

図2　Hf蛍光ランプを用いた閉鎖型苗生産システム

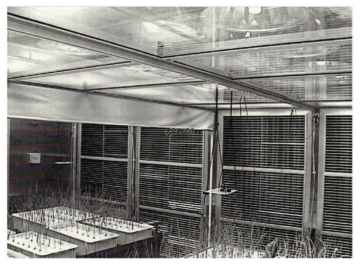

図3　セラミックメタルハライドランプを用いた人工気象室

図4　高圧ナトリウムランプを用いて光合成補光を行う太陽光利用型植物工場

3.2　太陽光型

　太陽光利用型で人工光を併用する目的は2つある。1つは，光形態形成に作用して開花促進または開花抑制，すなわち開花時期を調節するための日長延長補光と呼ばれるものがある。もう1つは，冬季や梅雨時の日照不足を解消して光合成を促進するための光合成補光と呼ばれるものである。日長延長は低い光強度で効果があること，また開花調節に遠赤色光が有効であるとの立場から白熱ランプを使用することが多い。光合成補光には出力の高い高圧ナトリウムランプ（図4）かメタルハライドランプを用いる。これらの光源は点光源のため，温室天井面に吊り下げても日射透過をあまり妨げない。施設園芸の盛んなオランダや北欧諸国では，我が国よりも日射が少ないため，積極的に光合成補光を行っている。

4　LEDの活用場面

　LEDは単色光を得やすい光源であるため「光と植物育成」の研究で利用されることが多い。また白色系LEDの発光効率が白色系蛍光ランプを超えるようになり，最近は，LEDを蛍光ランプに代わる植物育成用光源として利用する例が増えている。LEDの特徴として次の点を挙げられる。
　①寿命が長い
　②小さい
　③消費電力が少ない
　④熱が出ない

第 1 章　光と植物工場

⑤単色光が得られる
⑥点灯方法が簡単
⑦近接照射で高光強度が得られる

また植物分野で利用する場合はさらに，メタルハライドランプ，高圧ナトリウムランプ，蛍光ランプと比較して，

⑧光強度の調節が容易
⑨パルス照射ができる
⑩栽培面の光強度を均一にできる
⑪実験装置の大きさに合わせた光源が作れる
⑫さまざまなピーク波長のタイプがある
⑬破損時の危険が少ない

などの特徴がある。

このLEDの特徴をふまえると，今後，LEDの植物工場への展開は次のように考えられる（図5）。
新規に建設する施設，または新規に構築する照明設備では，初期設備費とランニングコストをベースに光源を選択するが，LEDが他の光源よりも総合的に優位であれば導入できる。

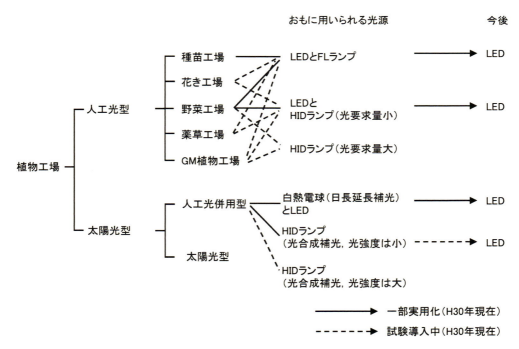

図5　LEDの植物工場への展開
FLは蛍光ランプ。HIDは高輝度放電ランプで高圧ナトリウムランプとメタルハライドランプを含む。GM植物工場は，遺伝子組換え植物で医薬用原材料を作る植物工場。

蛍光ランプを用いる施設の場合，既存の照明ユニットおよび安定器（インバータ）を交換する必要があり，その投資に見合う優位性の判断がポイントになる。我が国では，LEDが一般照明の主役になりオフィスビルや一般住宅の照明になっている。そのため，葉菜類の野菜工場と閉鎖型苗生産システムの一部では，光源の交換時期にLEDに交換する事例が増えている。今後，さらにLEDの導入が加速すると思われる。また，低い光強度でも効果を発揮する電照補光や光要求量の低い野菜・花卉の光合成補光には有効である。たとえば，既存ランプの取付金具にLEDを取り付ける技術や白熱電球のソケットに小型LEDユニット取り付ける方法も開発されており，既存施設と言えども，割とスムーズにLEDを導入することができよう。

ただ，PPFDを350 μmol m^{-2} s^{-1} 以上必要とする植物生産では，一般照明用の蛍光ランプおよびLEDともに高いPPFDを作れないため，産業用または特注の高照度のLEDを使うことになるため，まだコストが高いようである。その場合はメタルハライドランプまたは高圧ナトリウムランプを使うことになる。

5　植物に作用する光の波長域

植物に影響を及ぼす主な光環境の要素として，光質，光強度，日長（人工環境下では明期と呼ぶことが多い）がある[4,5]。光質は，光強度と異なり質的な光情報として植物に作用して，さまざまな形態形成反応とそれに伴う発育に影響を及ぼしている。ここで光質について注目すると，植物の成長に影響を及ぼす波長域は約300 nmから800 nmで生理的有効放射とよばれる。800 nm以上の赤外線は熱として作用するが波長依存性の反応はない。そのため，光質と植物生育の関係では300〜800 nmの波長域が重要である（図6）。

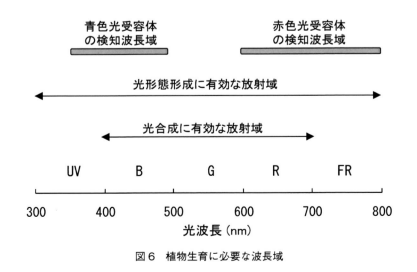

図6　植物生育に必要な波長域

第1章　光と植物工場

5.1　光源

5.1.1　紫外放射（Ultraviolet radiation; UV）

　植物に影響を及ぼすのはUV-A（315～400 nm）とUV-B（280 nm～315 nm）であり，数種類の光形態形成反応を引き起こすことが知られている。分野によってはUV-A（320～400 nm）とUV-B（280 nm～320 nm）に分ける場合もある[6]。

5.1.2　光合成有効放射（Photosynthetically active radiation; PAR）

　植物が光合成に利用できる波長域（400～700 nm）は可視光域（380 nm～760 nm）にほぼ一致しているが，植物分野では，可視光とは言わずに光合成有効放射と呼ぶ。この波長域の光は，光合成反応だけでなく光形態形成反応も引き起こす。この波長域は一般に青色光（400～500 nm；B），緑色光（500～600 nm；G），赤色光（600～700 nm；R）の3波長域に分けることが多い。

　光合成の光化学反応量はこの波長域の光量子数に比例するため，光合成に有効な光量の指標には，放射束ではなく光合成有効光量子束密度（Photosynthetic photon flux density; PPFD）を使用する。単位は$\mu\mathrm{mol}\,\mathrm{m}^{-2}\,\mathrm{s}^{-1}$である。

5.1.3　遠赤色光（Farred; FR）

　可視光域で赤外線に隣接する700～800 nmの波長帯を遠赤色光と呼ぶ。近赤外光という呼び方もあるが，この波長域の光は光形態形成反応を引き起こすため，800 nm以上の赤外線と区別して遠赤色光を使用する。

5.2　植物

　植物の緑色葉の分光特性（反射，透過，吸収）を調べるてみると，一般に，青色光（400～500 nm）と赤色光（600～700 nm）の吸収率が高い（図7）[8]。緑色光（500～600 nm）は透過と反射が多く，吸収率は低い。葉が緑色に見えるのは反射光のうちの緑色光の割合が高いためである。また，葉の吸収特性を作物種間で比べてみると（図8），かなり異なる点は興味深い。

6　植物の光に対する反応

　植物の光に対する反応は，光合成と光形態形成に分けられる。光合成は，光エネルギーを利用して有機物を合成する反応である。光形態形成は，光を信号として利用する形態的な反応で種子発芽，分化（花芽形成，葉の形成など），運動（気孔開閉，葉緑体運動），光屈性などである。光形態形成の説明と光質応答は別章を参照されたい。また，植物の光合成にもとづく成長と光形態形成にもとづく発育の不思議さと面白さについても，別章を参照されたい。

アグリフォトニクスⅢ

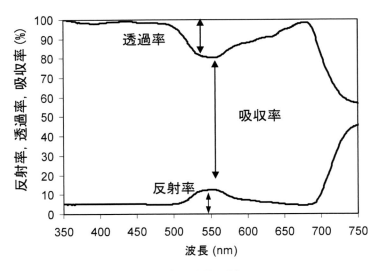

図7　植物葉の反射，透過，吸収スペクトル

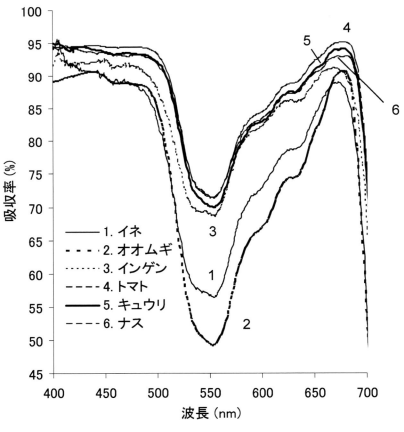

図8　作物別の葉の吸収スペクトル

第1章 光と植物工場

7 植物が光質を認識する方法

　植物には，光質を検知する物質，すなわち光受容体が複数存在する[7]。主要な光受容体として，赤色光および遠赤色光の受容体であるフィトクロム，青色光−UV-A の受容体であるクリプトクロムおよびフォトトロピンがある。

　フィトクロムは色素タンパク質で，主な吸収帯は赤色光であるが，青色光も吸収する。日長計測，光周性の調節，日陰の認識などの役割を担っている。フィトクロムの反応には，非常に少ない光量（10^{-1}〜10^{-2} μmol m^{-2}）で飽和する超低光量反応と，生育光のレベル（〜10^3 μmol m^{-2}）の光量で反応し，飽和する低光量反応がある。フィトクロムは複数種存在し，超低光量反応と低光量反応には異なるフィトクロムが関与する。

　クリプトクロムとフォトトロピンは青色光から UV-A の波長域を検知する色素タンパク質で，一般には青色光受容体と呼ばれる。クリプトクロムやフォトトロピンも複数種が特定されている。光屈性や気孔の開閉などの作用に関わることが知られている。

　植物の器官，組織において，光受容体が感知したシグナルを伝達する実体としては，植物ホルモンが代表的である。光受容体の光シグナルの受容から，ホルモンなどによるシグナルの伝達，および関係する遺伝子発現に至る過程を光シグナル伝達系という。近年，この系は光植物学分野の分子生理研究者によって精力的に研究されている。本書でも光受容体の働きに着目した研究例が多数紹介されている。

8 光質のパラメータ

　植物生育に影響を及ぼす光源光質の特徴を説明するために以下のパラメータが用いられる。この他にも研究目的ごとに幾つか提案されているので，詳しくは他書を参考にされたい。

8.1 B/R 比と R/B 比

　B/R 比は青色光と赤色光の光量子束の比で，青色光の含まれる割合の指標である。赤色光の指標にするときは逆数の R/B 比を用いる。また光合成有効光量子束に占める青色光の割合（B/PPFD）を指標にすることもある。

8.2 R/FR 比

　R/FR 比は赤色光と遠赤色光の光量子束の比で，遠赤色光の割合の指標である。

8.3 フィトクロム光平衡 φ（Pfr/P）

　フィトクロム光平衡 φ は，光源光質の特性ではなく，植物の赤色光／遠赤色光に対する応答の指標である。具体的には，赤色光を吸収して活性化される活性型フィトクロム（Pfr，後述）

11

アグリフォトニクスⅢ

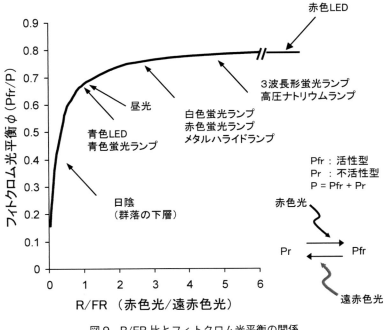

図9 R/FR 比とフィトクロム光平衡の関係

と遠赤色光を吸収する不活性型フィトクロム（Pr）の量比（Pfr/P，ここで P＝Pfr＋Pr）で表す。光源光質の R/FR 比とフィトクロム光平衡 φ の関係は図9のようになる。自然光下では日中で 0.7 前後，日陰や日没時は 0.5 以下になる。

8.4 UV の強度

紫外放射の強度の指標には光量子束と放射束の両方とも使用される。UV-A は，青色光受容体が信号として検知する光形態形成反応がある。この場合は，その強度を光量子束密度（単位 $mol\ m^{-2}\ s^{-1}$）で示すことが多い。また，UV-A と UV-B は可視光に比べて光量子当たりのエネルギーが大きいため，葉の表面などに損傷や障害を与えることがある。この場合にはその強度を放射束密度（単位 $W\ m^{-2}$）で示すことが多い。

9 植物育成用光源としての LED 利用の留意点

9.1 波長別のエネルギーと光量子数

図10 は植物育成に用いられる光源の波長特性を示すために PPFD が 100 $\mu mol\ m^{-2}\ s^{-1}$ になる場合の波長別の光量子束を示したものである。この図から，人間の目にほぼ同じ白色に見えると言っても光源が違えば波長組成は異なることは容易に理解できる。注目すべきは LED の波長域の狭さである。蛍光ランプの青色光と LED の青色光はかなり異なる。赤色光も同様である。

第1章　光と植物工場

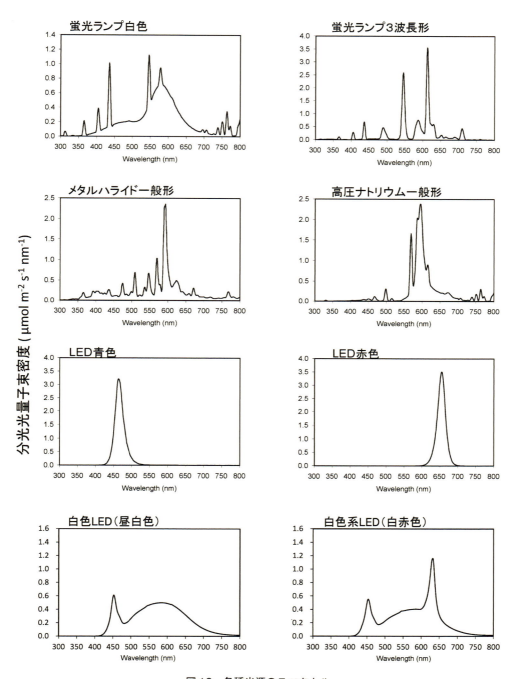

図10　各種光源のスペクトル
PPFD が $100\ \mu mol\ m^{-2}\ s^{-1}$ になるように描いている。

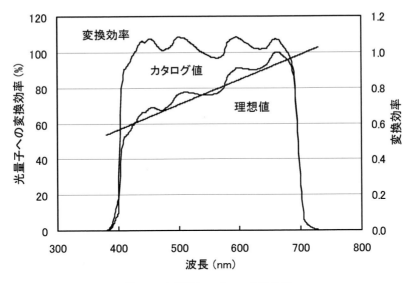

図11 光量子センサーの応答曲線

　光量子1個の持つエネルギーは周波数（振動数）に比例する。言い換えると波長に反比例する。したがって同一エネルギーであれば，波長の長い光のほうが光量子数が多い。図11は，PPFDを測定する光量子センサーの感度特性である。同一光エネルギーを持つ光量子束は，700 nmの波長を100とすると，400 nmは400/700＝57.1％である。光量子センサはこのような感度特性を持つフィルタがついていて，400 nm～700 nmの光量子数を算出するようになっている。しかしLEDは波長域が狭いため，450 nm以下や650 nm以上にピークを持つ場合は光量子センサーの変換効率の影響を受けやすいため注意が必要である。また，同一PPFDでも，その光量子束が持つエネルギーは最大で40％程度も異なる。たとえば，青色LED（470 nm/35 nm）は25.5，赤色LED（655 nm/15 nm）は18.3である。これは前述の光量子とエネルギーの関係から理解できよう。すなわち，同一PPFDであれば，短い波長を多く含む光源ほど熱を持つことになる。人工光型植物工場では，発熱は室内の冷房負荷の大部分を占めるため，光源の選定では，植物への効果に加えて冷房負荷の大小の視点も重要になる。

9.2　白色LED

　2010年代中盤以降，一般照明用の白色LEDが商品化されている。電球型は白熱電球や電球型蛍光ランプの代用として，直管型は直管型蛍光ランプの代用という位置づけである。両型のLEDとも"いちおう"白色であるが，その波長特性は同一ではない。図12は，家庭照明用に販売されている電球型蛍光ランプ，電球型LED，白熱電球のスペクトルである。電球型蛍光ランプと電球型LEDは白熱電球のソケットの口金をそのまま利用できるために"電球"と称しているが，白熱電球の波長特性とは全く異なる。たとえば，白熱電球は遠赤色光と赤外線が多いのが

第1章　光と植物工場

特徴である。花成（花芽分化から開花に至る反応）に赤色光と遠赤色光の比率（R/FR）が影響を及ぼすことが知られている。この比が光受容体のフィトクロム光平衡に作用し，結果的に花芽分化の時期を変化させる。たとえば電照栽培の開花時期調節は白熱電球のR/FR比をうまく活用している。表1から，白熱電球のR/FR比は約0.5であり，電球型蛍光ランプや電球型LEDのR/FR比は1.0以上であることがわかる。期待通りの開花時期調節ができない可能性がある。

また，白色系蛍光ランプと白色系LEDでは，同一の色であっても，青色光，緑色光，赤色光の組成比が異なる（表1）。現在市販されている白色系LEDを植物の栽培に用いると，蛍光ランプで得られた生育とは異なる形態（茎伸長，葉の厚さなど），異なる成長速度，異なる内容成分

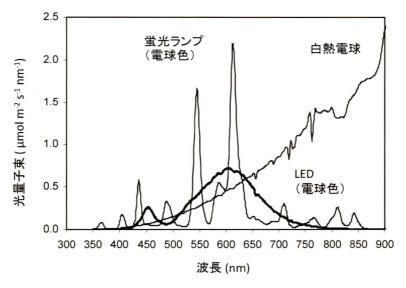

図12　電球型蛍光ランプ，電球型LED，白熱電球のスペクトル
400〜700 nmのPPFDが100 $\mu mol\ m^{-2}\ s^{-1}$になるようにグラフ化してある。

表1　白色系蛍光ランプと白色系LEDの波長組成の例

波長（nm）	蛍光ランプ 昼光色	蛍光ランプ 電球色	LED 昼光色	LED 電球色	白熱電球
300–400	0.8	1.3	0.2	0.1	0.3
400–500（B）	34.2	14.7	28.9	9.6	7.0
500–600（G）	41.2	38.9	47.9	43.0	28.6
600–700（R）	25.1	46.9	23.8	48.2	65.0
700–800（FR）	2.6	9.2	2.9	6.4	118.9
B/R比	1.4	0.3	1.2	0.2	0.1
R/FR比	9.6	5.1	8.3	7.5	0.5

400〜700 nmのPPFDが約100 $\mu mol\ m^{-2}\ s^{-1}$になるように示している。

含有量など，を生じる可能性がある。実際，栽培試験で蛍光ランプ下とLED下の生育を比較すると成長速度や葉の形態が異なることが多い。作物の種類によるが，青色光と赤色光の組成比に敏感な作物の場合は，蛍光ランプの昼光色と電球色では生育に違いが生じる。その場合，LEDの昼光色と電球色でも生育に違いが生じる可能性の高いことは想像できよう。研究者が早期にこれら疑問点を解決することが求められている。

文　　献

1) 高辻正基，植物工場システム，シーエムシー（1987）
2) 古在豊樹ほか，「最新の苗生産実用技術—閉鎖型苗生産システムの実用化が始まった—」，農業電化協会（2004）
3) 一般社団法人日本施設園芸協会，平成29年度 次世代施設園芸地域展開促進事業（全国推進事業）事業報告書（別冊1）「大規模施設園芸・植物工場　実態調査・事例調査」（2018）；http://www.jgha.com/jisedai/h29/report/29bessatsu1.pdf
4) 稲田勝美編著，光と植物生育，養賢堂（1984）
5) ㈳照明学会編，光バイオインダストリー，オーム社（1992）
6) ㈳照明学会編，UVと生物産業，養賢堂（1998）
7) 和田正三ほか監修，植物の光センシング，細胞工学別冊「植物細胞工学シリーズ16」，秀潤社（2001）

第2章　植物工場の現状と将来

渡邊博之*

1　はじめに

　慢性的な天候不順，世界的な人口膨張，将来的な食糧不足への不安から，安全で安定的な野菜の供給システムとしての植物工場のニーズが高まっている。特に，人工光を用いた閉鎖型植物工場への関心が高い。国内では，2014年に参入したファームシップ，2015年に参入したバイテックホールディングスが，日産1万株規模のLED植物工場をそれぞれ複数工場軌道に乗せることに成功し，さらに数万株規模の植物工場の稼働も視野に入れつつある。複数の大手コンビニチェーンの関係会社が，こちらも日産数万株の自動化野菜工場を稼働させるという見通しも出てきた。日産数千株規模の植物工場の事業化は，珍しくない事例になりつつある。

　海外では，2004年に設立されたAero Farms社が，アメリカニュージャージー州ニューアークに世界最大規模のLED多段式植物工場を稼働させ（写真1），また2017年にはソフトバンクグループがアメリカPlenty社の垂直型植物工場事業（写真2）に2億ドル規模の投資を行うことが報道され，ともに注目された。他にもアメリカや中国で数十億円から数百億円を超える植物工場事業への投資が現実味を帯びてきている[1]。

写真1　Aero Farms社のLED多段式植物工場[2]

＊　Hiroyuki Watanabe　玉川大学　農学部　先端食農学科　教授

写真2　Plenty社の垂直型植物工場[3]

表1　国内で2010年以降に人工光型植物工場事業に参入した主な上場企業

参入年	企業名	栽培システムまたは生産作物（提携大学）
2010年	日清紡ホールディングス	イチゴ
	大和ハウス工業	コンテナ型栽培システム，葉菜類
2011年	藤田エンジニアリング	レタスなど葉菜類（宇都宮大学）
	東亞合成	レタスなど葉菜類，セル成型苗
	リンガーハット	コンテナ型栽培システム（信州大学）
	近鉄グループホールディングス	レタスなど葉菜類，根菜（近畿大学）
2012年	TDK	レタスなど葉菜類，遊休工場利用
	阪急阪神ホールディングス	レタスなど葉菜類，鉄道高架下利用
	コロワイド	自社ドレッシング用バジル
	西松建設	レタスなど葉菜類（玉川大学）
2013年	京王電鉄	レタスなど葉菜類
	富士通	低カリウムレタス，遊休半導体工場利用
	三協立山	レタスなど葉菜類
2014年	ローソン	ベビーリーフ
	日本山村硝子	ケールなどハーブ類
	日伝	レタスなど葉菜類（大阪府立大学）
	昭和飛行機工業	低カリウムレタス
	片倉工業	低カリウムレタス
	エージーピー	低カリウムレタス
2015年	パナソニック	低カリウムレタスなど葉菜類
	日本郵船	レタスなど葉菜類
	資生堂	ベニバナなどハーブ類の苗
	バイテックホールディングス	レタスなど葉菜類
2016年	四国電力	低カリウムレタス

文献1）の資料を改変

第 2 章　植物工場の現状と将来

　日本の植物工場事業の技術開発は，1980 年代の第一次ブーム，1990 年代の第二次ブームに続き，2009 年以降の第三次ブームによって大きく展開したと言ってよい。農水省と経産省の両省経由で，植物工場事業への積極的な補助政策が進められたのを機に，多くの企業がこの分野に参入した。表 1 に第三次ブーム以降，2010 年から人工光型植物工場事業に参入した主な上場企業を示した。中小のベンチャー企業を含めると，多数の企業がこの期間に参入したことになる。

2　植物工場開発の歴史

　野菜を工場で計画生産しようというアイデアは，施設園芸栽培の延長線上の技術として古くから提唱されてきた。通常の土耕栽培に代えて水耕栽培装置と人工照明装置を備えることにより，野菜の生育をコントロールし，計画生産しようという考えである。しかし，システムとして実用的で営業生産に耐えうる「植物工場」が実現したのは，まだそれほど古い話ではない。現在，世界の各地で稼動している植物工場のルーツは，1957 年から営業生産を始めたデンマークのクリステンセン農場といわれている。ここではヒーターと補光ランプで栽培環境を整えた細長い温室を用い，あたかも工業製品が流れ作業で生産されるかのようにクレソンの栽培を行った。それまでの施設栽培と明らかに一線を画すのは，播種から催芽，育成，収穫，梱包までを一貫した生産システムとして組み上げた点である[4]。

　1970 年代になると完全な周年計画生産をめざして，おもに米国において人工照明のみを用いた植物工場の開発が試みられた。ゼネラルエレクトリック社，ゼネラルミルズ社，ホイタカー社など，数多くの会社が積極的に技術開発を行い，人工照明を使って野菜の生育環境を制御するための種々のノウハウを蓄積した。

　日本国内での野菜工場の開発は，日立製作所や，電力中央研究所をはじめとする電力会社などを中心に，1970 年代後半から進められた。静岡県の三浦農園や千葉県のダイエーららぽーと船橋店など，多くのシステム提案やその試験的運用がなされたが，結局，事業的に採算の合うシステムの開発には至らなかった。その後，電機メーカー，食品メーカー，化学メーカーなど多数の会社がこの分野の技術開発に参入した。例えば，1989 年に食品会社のキユーピーが開発した TS ファームシステムは，斜めに立て掛けた栽培ボード（写真 3）と噴霧水耕システム（写真 4）を組み合わせたユニークな栽培レイアウトが注目された。独自の技術で生産コストは低く抑えられ，作物の生産性は大幅にアップした。また，食品ベンチャー企業であるイー・ティー・ハーベストが 1992 年に開発したイー・ティー式植物工場システムも，蛍光灯を光源にした多層構造の栽培システムを用い，徹底した栽培の効率化が図られた[5]。

　1992 年から三菱化学で LED を光源にした植物栽培システムの開発研究が始まった。当時，LED を植物栽培光源に利用しようという研究は，米国ウィスコンシン大学と NASA ケネディスペースセンターで既にスタートしていた。三菱化学の横浜総合研究所に在籍していた筆者らは，アメリカでの研究状況を調査する一方，まだ出力の十分でない赤色 LED だけを使ってリーフレ

写真3　キユーピーTSファーム

写真4　TSファームの噴霧水耕システム

タスの栽培実験を始めた。目標は，TSファームやイー・ティー式植物工場システムを上回る生産性を持った人工光完全制御型植物工場の開発だった。しかし，当時LEDは，ランプコストが高いばかりで出力が弱く，高湿度条件では劣化の激しい光源で，とても植物栽培用に利用できる代物とは思えない状況だった。

植物工場の開発は，技術フレームを異にする2つの栽培システムがほぼ並行して進められてきた。1つはガラス温室をベースに，太陽光と人工光を併用して光源とするいわゆる太陽光併用型植物工場であり，もう一方は太陽光を取り入れない閉鎖，断熱空間を設け，照明として人工光のみを用いるいわゆる閉鎖型あるいは人工光型植物工場と呼ばれるシステムである[6]。

もし植物工場での野菜生産の特徴を，正確な栽培管理と計画生産，完全無農薬栽培，野菜の品質面での明確な差別化などにおくと考えると，その照明形態は太陽光併用型よりも人工光型植物工場の方にメリットが大きい[4]。大量の熱エネルギーをともない，さらに日々の変動幅が極端に

大きな太陽光をシステムの栽培系内に導入し，それを低コストで制御するための技術はまだ十分とはいえない。正確な栽培環境のコントロールを抜きにして，野菜の厳密な計画生産や品質面での明確な差別化は困難だと考えられるからである。

　現状の太陽光併用型植物工場では，栽培システムを半開放系にして環境制御の正確さをある程度犠牲にすることにより，電力コストを中心とする野菜生産のランニングコストの削減に成功している。リーフレタス栽培を基準として，太陽光併用型と人工光型で生産に必要とされる総電力コストを比較すると，前者で7〜8円／株であるのに対し，後者では16〜19円／株と推定され，現状では人工光型システムの電力コストは太陽光併用型を大きく上回っている。人工光型植物工場を開発する上で，照明，空調電力コストの削減は最も重要な課題の1つであり，栽培光源と周辺の温調システムにどのような技術を導入し，それらを栽培ユニットとしてどのようにシステムアップするかは，栽培システム全体の特徴や性能を大きく決定づける検討課題である。

3　植物栽培に必要な光技術

3.1　植物栽培用光源

　植物工場で主に用いられている栽培光源は，メタルハライドランプ，高圧ナトリウムランプ，白色蛍光灯，発光ダイオード（LED）であり，それぞれの光源の特性に合わせた栽培システムが提案されている。メタルハライドランプは，輝度や照明効率が高く，比較的エネルギー変換効率のよい光源であるが，4つの光源の中で赤外領域のエネルギー放射の割合が最も大きい。したがって，植物へ近づけて照明する近接照射に不適であることから，おもに太陽光併用型の植物工場で使用されている。高圧ナトリウムランプは，400〜700 nm の光合成有効放射（PAR）効率が4つのランプの中で最も高く，太陽光併用型の植物工場と人工光型の植物工場の両方で使用されてきた。白色蛍光灯と LED は赤外領域のエネルギー放射割合が小さいことから，人工光型の植物工場における近接照明の光源として利用されている。赤色を中心とした LED は PAR 効率の高さを理由に，また白色蛍光灯はランプコストの安さを主な理由にして多くの植物工場で利用されている[7]。

3.2　野菜の栽培光源としての LED

　前項で紹介した植物栽培用光源の中で，近年利用が急速に進んでいるのが，LED である。1993年の日亜化学工業㈱による青色 LED の実用化にともない，表示用，照明用光源としての利用が大きく広がった。LED の光／電気変換効率は，近年の技術開発によって急速に高まっているが，植物栽培光源として利用される赤色や青色においては，未だ20〜30％程度で，他の植物栽培用光源と比べて際立って効率が高いわけではない。ただし，LED は配光特性に優れ，目的の照射対象に的確に光を当てることができるという特徴がある。植物工場の光照射対象である植物に効率よく光を照射し，生育に必要な光強度を確保することにより，全体としての照明電力コ

ストを引き下げることに貢献する。

　地上の植物は，日光として紫外線から赤外線まで種々の波長の放射エネルギーを受けているが，その全てのエネルギーを同じ効率で利用しているわけではない。LED を栽培光源として使うことにより，植物にとって利用効率の悪い波長のエネルギーを含まず，生育に有効な波長の光だけを集中して照射することが可能である。さらに，植物の発芽，展葉，開花などといったいわゆる光形態形成も，各々ある特定の波長の光が関与していることが知られている。LED から照射される単色光を植物の形態形成を誘導するための光シグナルとして用い，小さなエネルギーで効率よく特定の植物生理機能や形態形成，器官分化を促すことも可能である。

　植物が光を認識する時，それぞれの反応に特有の光受容体が機能することが知られている。高等植物では赤色光，遠赤色光の受容に関わるフィトクロム（phytochrome：phy）青色光の受容に関わるクリプトクロム（cryptochrome：cry），フォトトロピン（phototropin：phot）が知られている[8]。フィトクロムには5つの分子種があることが知られ，それぞれの分子種が様々な生理反応に関与する[9]。同様に青色光受容体のクリプトクロム，フォトトロピンについても，それぞれ2つの分子種が知られており，強光下で機能する cry1，phot2，弱光下で機能する cry2，phot1 の存在する。これらのことは，様々な光環境に対応するため，植物は多くの光受容体分子を備えていることを示している。これら以外にも物質が特定されていないが，高等植物において UV-B（282〜320 nm）受容体と緑色光（530 nm 付近）受容体の存在が示唆されており，LED の赤＋青色光照射下のレタス栽培では緑色光で成長促進作用が認められている[10]。シソの花成が緑色光で促進されたり，限定条件下ではあるがヒマワリの花成が黄色光で促進される[11]など，既知の光受容体では説明できない現象が明らかになっている。まだ見つかっていない他の波長域の光受容体の存在が今後明らかになる可能性がある。

　これまで述べたように，植物にはそれぞれの光反応に対応した光受容体があり，照射した光の波長により異なった生理反応が誘導される。生育や形態形成をコントロールするためには，照射波長を制御できる LED を用いることは有効である。ただし，LED を植物栽培用の光源として用いる場合，種々の問題点も存在する。大きな光強度を得ようとする場合，LED ではどうしても面光源や線光源タイプのモジュール形状を採用せざるをえない。その結果，栽培装置の基本構造も面光源や線光源を前提としたフレームを前提として考える必要がある。またランプを植物栽培装置に組み込む以上，高湿度環境下での連続点灯が避けられない。LED にとっては苛酷な使用条件にならざるをえず，点灯中の出力低下を招きやすい。高い光強度を得るために，LED チップを高密度で装着した場合は，特にチップの除熱を十分に行う必要がある。また，以前よりは価格が下がっているとはいえ，光出力あたりのランプコストは，依然として他の光源に比べて高い。植物栽培光源として LED を利用する場合，まだまだ解決されなければならない課題は多い。以下に，植物栽培光源としての LED の利点と解決されるべき課題を整理する。

3.2.1　波長特性

　LED で出力される放射スペクトルの半値幅は他の植物栽培光源に比べて小さく，輝線スペク

第2章　植物工場の現状と将来

トルなどの混入もない。例えば，植物栽培で主に使用される赤色LEDのスペクトル半値幅は20-30 nmであり，ほぼ純色に近い。現在では化合物半導体の種類と構造を変えることにより，赤外，赤色，橙色，黄色，緑色，青色，紫外など，ほぼ自由に発光色を選択し，それらを植物栽培の目的に応じて組み合わせることが可能である。

　前述のように，可視光の中で植物が利用する光の波長は限られており，光合成反応に用いられる赤色光（600〜700 nm），主に形態形成に用いられる青色光（400〜500 nm）や遠赤色光（700〜750 nm）などを自由に照射することができる。LEDを用いることによって従来の植物栽培光源と異なり，植物に必要な波長の光を集中的かつバランス良く照射することが可能である。

3.2.2　近接照射

　植物栽培に利用する可視領域のLED光には，赤外領域のエネルギー放射が極めて少ないこともLEDを植物栽培光源として用いる場合，大きなメリットとなる。例えば，LEDランプパネルを室温程度に空冷しながら用いた場合，パネルが葉に接触するほど近接させてレタス等の栽培を続けても，熱線による葉焼け等の障害が全く認められない。LED光源を栽培植物の大きさが許すギリギリの位置から近接照明することにより，植物の光利用効率を高めることができる。さらにそうした小さな栽培ユニットを何層も積み重ねることにより，全体としてコンパクトな栽培装置に仕上げることが可能である。

3.2.3　形状

　LEDチップは形状が小さいため，光源ランプの形状をかなり自由に設計できる。植物工場のように高密度，集約栽培を極限まで進めようとすると，限られた装置スペースを有効に利用し，栽培植物に対して近接，均一に光照射する必要がある。光源ランプのサイズ，形状を自由に設計し，そのスペースメリットを十分に生かすことは，栽培装置全体を機能的にシステム化する上で重要である。

3.2.4　高輝度化と耐久性

　植物栽培用の光源としてLEDを用いる場合，他の利用場面に比べてより厳しく高輝度，高出力が要求される。植物は，生育に必要なエネルギーの全てを基本的に光から受けとっている。従って，植物の光利用効率が高い栽培システムにすればするほど，LEDの出力差が直接に作物の生育差につながる。通常，ディスプレイ等の用途で10%程度の出力差が視覚的に認識され，問題にされることは少ないが，植物工場用途の場合はその程度の出力変動が，栽培植物の生育結果としてはっきりとあらわれる。植物栽培用途では，LEDランプの出力の均一化，さらなる高出力化，高輝度化は，栽培システムの生産能力に直結した問題といえる。

　LED点灯中の劣化，出力低下も大きな課題である。特に，長時間点灯（特に高湿下での高出力点灯）にともなう出力低下は，LEDを植物栽培用光源として利用する上で障害となる。LEDの寿命は，チップの材質，構造，ランプ成形樹脂やランプの放熱構造などによって，タイプごとに長短様々なのが現状である。上述のように，システムの栽培能力に直結した問題として，LEDランプの劣化，出力低下はより小さく抑えられるべきである。

4　光学センシングを用いた植物の栽培制御

4.1　植物工場における光学センシング技術

　植物工場では，従来の人間の勘と経験に頼った圃場での作物栽培法から，工場生産としての均一で高品質な勘に頼らない作物生産法を実現しなければならない。工場内の温度，湿度，光強度，液肥の養分状態等の物理的な環境は，それぞれのセンサーを活用することにより，デジタルな数字として容易に把握することができる。しかしながら，作物の生育状態，健康状態を観察しその状態に応じた最適制御をするのは難しい。特に，生育状態を非接触で数値として的確に捉えるのが難しく，自動化されていないのが現状である。また，人工光型植物工場では蛍光灯や赤色，青色等の LED を使った人工的な光環境となるので，目視での健康状態の把握を難しくしている。このような状況を踏まえ，植物工場ではチップバーン等の植物の生理障害，菌等による病気の早期発見，それらに対応した迅速な環境制御が求められている。

　植物工場内の温度，湿度，光強度，液肥の養分状態等の環境は，それぞれのセンサーを活用することにより，デジタルな数字として容易に把握することができるが，栽培棚内での温度勾配，或いは高密度栽培での風力測定などは，センサー取り付け，空間的なデータ収集の難しさ等がある。また，これらのセンシング情報に基づく生育ステージ毎のきめ細かい制御が必要であり，複雑なシーケンス制御，環境変化に基づくフィードバック制御技術が重要となる。さらに，LED 等の人工照明下でも生育状況を適切に把握，特にチップバーン等の発生を早期に発見できることが重要である。従来の生育状況の把握として，草丈，葉面積，新鮮重量，乾燥重量等を測定するために栽培棚からサンプルを取り出す，或いは破壊して計測をする必要があった。植物工場での連続生産設備では，このようなサンプルの取り出し，破壊的な計測は現実的ではなく，可能な限り非破壊で低侵襲な方法とする必要がある。次に，植物工場内での栽培のための環境センシングと作物の生育状況の非破壊，低侵襲なセンシング方法について述べる。

4.2　植物工場における環境センシング

　生産計画に基づく栽培作物の最適な環境を設定する。温度，湿度，CO_2 濃度等は，閉鎖型植物工場での各機器に対する固定的な設定範囲で，ほとんどの場合，大丈夫である。照明は作物栽培の生育ステージによって照度や光質の違いが大きく影響するので，照明シナリオに基づいた環境制御が重要となる。また，栽培時の環境モニタリングも必要となる。モニタリング項目としては，栽培室内用（温度，湿度，照度，CO_2 濃度，風向／風速等），水耕栽培を前提とすれば，養液内用（液温，pH，EC，流量，養分濃度等）などが一般的で，それぞれオンライン計測され監視されている。

第 2 章　植物工場の現状と将来

4.3　植物の生育モニタリング

　植物工場の知能化の最大のポイントは，作物の生育状態の把握，チップバーン等の生理障害等の早期発見と対応にあると言える。生体情報センシング技術には各種あるが，我々の所では，非破壊で低浸襲な計測が可能なクロロフィルム蛍光，茎インピーダンス，葉面電位，生長計測などの多面的な測定実験を実施している。ここでは，非接触で状態評価ができるクロロフィルム蛍光計測法について簡単に紹介する。

　クロロフィル蛍光測定は PAM 蛍光法（pulse amplitude modulated fluorometry）によるものが一般的であるが，パルス変調光の照射等，装置が複雑で高価であり，且つ接触型の計測となる。我々の所では，植物工場で日常的に使うことを前提にクロロフィル蛍光を微弱光照射に対する放射光量を白黒カメラによる簡易計測法を採用した。赤色，青色，白色 LED 照射で栽培したトマト（*Lycopersicon esculentum* 'Tiny Tim Red'）生育状況の相違を測定した。その結果，赤色 LED 照射により蛍光強度の増加と PAM での Fv/Fm の低下が認められ，光合成機能の低下を非接触のカメラでオンライン計測ができることを確認した。簡易クロロフィル蛍光測定実験装置の全体像を写真 5 に示す。このように，小型のカメラと青色 LED 光源があれば，クロロフィル蛍光が簡単に計測でき，植物工場への展開が容易である。

　レタスは，強光・高温などの環境下で急速に生育した場合，しばしば縁腐れ病とよばれるチップバーンが引き起こされる。チップバーンは，急激な成長時のカルシウム不足を原因とする生理障害であり，植物工場等の高強光，促成栽培で度々引き起こされる。チップバーンが発生すると対象商品の価値が無くなるだけではなく，栽培速度の大幅な減速など全体の生産性にも大きく影響してくる可能性がある。このように，栽培管理システムで病害虫，或いは環境による発育不全等を早期発見し，環境制御による回復などが重要となる。

写真 5　簡易クロロフィル蛍光測定実験装置

5 植物工場技術の今後の展開

　健康や食の安全性が人々の関心を集める中，清潔で品質について信頼性が高い植物工場野菜のニーズは，将来さらに高まっていくと予想される[12〜14]。2015年4月から消費者庁が中心となって「機能性表示食品」制度がスタートした[15]。食品の機能性について，これまでよりも幅広く消費者に情報発信して，食品を選択するための参考にしてもらおうという制度である。今後，例えば，ポリフェノールやビタミンA，C，Eといった抗酸化成分，β-カロテンやルテインなどのカロテノイド類，食物繊維や機能性糖類などの含量を高めた野菜の開発が進むと考えられる。さらに，腎臓病患者向けの低カリウム野菜や薬効成分を含んだ野菜・薬草など，医療機能を持った植物の植物工場生産についても技術開発が進むだろう。また遺伝子組換えにより，ある種の機能性タンパク質やワクチン成分など，さらに有効性の高い医療成分を含有する野菜の生産も試みられる可能性がある。多くの植物工場事業者が，より高い事業採算性を目指して，機能性の高い植物工場野菜の開発を進めており，今後そのような機能性野菜を効率的に安定生産する手段として植物工場が利用されるだろうと期待している。

文　　　　献

1)　伊地知宏：日本における人工光型植物工場ビジネス，アグリバイオ **2**(6)，19-23 (2018)
2)　GreenBiz 記事より (2018/4/6);
　　https://www.greenbiz.com/article/future-farming-vertical
3)　イノプレックス記事より (2018/8/30); http://innoplex.org/archives/38961
4)　高辻正基：植物工場，第5章，丸善 (1986)
5)　高辻正基：植物工場の基礎と実際，第4章，裳華房 (1996)
6)　小倉東一：植物工場普及の現状と課題，*SHITA REPORT* **14**, 15-23 (1998)
7)　洞口公俊：光放射とその特性，照明学会 (編)，光バイオインダストリー，96-133，オーム社 (1992)
8)　徳富哲・吉原静恵：甲斐昌一・森川弘道 (監)，プラントミメティクス，355-362，NTS (2006)
9)　篠村知子：和田正光ら (監)，植物の光センシング，39-45，秀潤社 (2001)
10)　飯野盛利：和田正光ら (監)，植物の光センシング，88-98，秀潤社 (2001)
11)　雨木若慶・平井正良：後藤英司 (監)，アグリフォトニクス，29-40，シーエムシー出版 (2008)
12)　Ono E, Watanabe H：Design and construction of a pilot-scale plant-factory with multiple lighting sources. ASABE paper number 1008799 (2010)
13)　Ono E, Usami H, Fuse M, Watanabe H：Operation of a semi-commercial scale plant

factory. ASABE paper number 1110534（2011）

14) Watanabe H.：Light-controlled plant cultivation system in Japan-Development of a vegetable factory using LEDs as a light source for plants. *Acta Horticulturae*, **907**, 37-44 （2011）

15) 消費者庁：「機能性表示食品に関する情報」
http://www.caa.go.jp/policies/policy/food_labeling/about_foods_with_function_claims/ （2018 年 4 月）

第3章　人工光環境と植物の光合成

荊木康臣[*1]，村上貴一[*2]

1　はじめに

　近年の照明技術の進歩はめざましい。特に，LED は，発光効率の向上や低価格化などから，一般照明としての普及が急激に進んでいる。これらの照明技術の進歩により，植物生産における光環境制御の自由度が向上し，生育促進のみならず高付加価値化など様々な目的で多様な光環境制御技術が提案され，自然光下とは異なる光環境での植物生産の機会が増えている。本稿では，人工光下での植物生産を念頭に，光強度と光合成，光質と光合成についての基礎と最新の知見を紹介するとともに，光合成の評価法について解説する。

2　光強度と光合成

2.1　光強度のメトリクス

　葉が受光する光の量は光合成に直接的な影響を与える。本稿では，ある平面が受光する光の量を光の強さもしくは光強度と表現する。葉面における光強度のメトリクス（計量する単位）には，放射照度（$W\,m^{-2}$），光量子束密度（Photon Flux Density；PFD）（$\mu mol\,m^{-2}\,s^{-1}$），照度（lx）などがある。植物の光合成に有効である 400〜700 nm の範囲の放射を光合成有効放射（Photosynthetic Active Radiation；PAR）と呼び，PAR を光量子束密度で計量したものが光合成有効光量子束密度（Photosynthetic Photon Flux Density；PPFD）であり，光合成を考慮した場合の光強度の評価に使用される。PPFD は，400〜700 nm の光量子が光合成に均等に作用するとの仮定のもと，その単位面積，単位時間当たりの数を計量するものである。

2.2　光−光合成曲線

　個葉における光強度と光合成速度の関係は，横軸に光強度（PAR），縦軸に光合成速度（純光合成速度）をプロットした光−光合成曲線で表現することができる。一般に，光−光合成曲線は，上に凸の右上がりの曲線をとり，光補償点（呼吸による CO_2 放出と光合成による CO_2 吸収が釣り合う光強度），光飽和点（それ以上光強度を高めても光合成速度の増加がみられなくなる光強度），最大光合成速度，弱光下での（最大）光利用効率（$mol\,mol^{-1}$）を表す初期の傾き，中程度

＊1　Yasuomi Ibaraki　山口大学　大学院創成科学研究科　教授

＊2　Keach Murakami　山口大学　大学院創成科学研究科；日本学術振興会特別研究員

第3章　人工光環境と植物の光合成

での光合成速度に関する情報を与える曲線の凸度などで，その曲線が特徴づけられる。この曲線をモデル化する場合は，非直角双曲線関数やミカエリスメンテン型の酵素反応式が使用される。なお，光－光合成曲線は，植物種や光環境履歴により異なり，また，同一の葉においても光以外の環境要因（CO_2濃度，温度，湿度）により変化する。

　光－光合成曲線の形状は，初期の傾きが一番大きく，その後，傾きが低下する，上に凸の形をとっている。これに由来する現象として注意すべきは，低PPFDを連続的に照射した場合と高PPFDを短い時間照射した場合では，1日あたりの積算PPFDが等しくても，低PPFDの長時間照射の方が，1日あたりの光合成量が大きくなる可能性がある点である[1]。このことは，パルス光を利用する場合においても関連しうる。Jishiら[2]がモデルにより示しているように，パルス光下で平均PPFDを統一した際，光合成速度は，連続照射時が最大となり，周波数やduty比が低下するに従い低下する可能性がある。

2.3　光強度の履歴効果

　葉面におけるPPFDは，葉の光合成特性に様々な時間スケールで影響を及ぼす。一般に，強光下で成育した陽葉は，弱光下で成育した陰葉と比較して，光飽和点，最大光合成速度および暗呼吸速度が大きい，といった形質を示す[3]。すなわち，陽葉は弱光下での純光合成速度が小さいかわりに，強光下でのそれが大きくなるよう順化していると解釈される。光合成特性の変化は，葉肉細胞および気孔密度のような形態的特性および色素・タンパク質のような光合成系構成要素の組成の調節に起因する。このような陰葉・陽葉への順化は日単位以上の長い時間スケールでの応答であるため，人工光での葉菜類栽培のように栽培期間が短い場合には不可逆的な反応であると考えてよい。

　他方，葉面における光環境は雲および上位の葉による太陽光の遮蔽により，秒から分単位の短い時間スケールでも変動する。このような短期的な光変動に対して，葉は形態的特性や光合成系タンパク質・色素の組成の変化を伴わない可逆的な応答を示す。葉に吸収された光のエネルギーは光合成の駆動力であると同時に，光合成による消費に対して余剰となれば光合成系の損傷を引き起こしうる[4]。葉面におけるPPFDが急に上昇すると，葉は熱放散をはじめとする多様な防御応答により余剰なエネルギーを安全に散逸しながら，気孔開口およびCO_2固定酵素の活性化を経て徐々に光合成速度を高めてゆく。遮光により葉面におけるPPFDが急に低下する場合，防御応答はすみやかに沈静化されることが望ましい。しかし，防御応答の沈静化は光変動に対して時間遅れがあり，とくに熱放散の沈静化の遅さが作物の生産性を損ねていることが指摘されてきた[5]。実際に遺伝子操作により熱放散の沈静化を早めたタバコのフィールドでの収量は，野生株よりも大きかったという報告[6]もある。単位葉面積あたりの積算光合成量の増大のみを目的とする場合，環境調節ではPPFDの変動は避けるべきであろう。

　個葉の光合成特性は，その葉自身のみでなく，同一個体中の他の葉の光環境に対しても応答する[7]。たとえば，下位葉への光照射は，上位葉の葉肉細胞の形態，気孔密度，最大光合成速度お

およびの光合成誘導速度に影響を及ぼすことが報告されている。このシステミック調節（Systemic regulation, systemic signaling など）と呼ばれる個体内での光合成特性の制御の仕組みは明らかではないが，活性酸素種および光合成産物の移動の関与を示唆する成果が蓄積しつつある。近年の施設園芸では局所的な環境調節が可能となっており，この機構の解明および適切な利用の重要性は高いと考えられる。

3　光質と光合成

3.1　光質の評価法

　光の質（光質）は，分光スペクトルとして表わすことで評価できる。同じ照度の光でも，スペクトルが異なると PPFD は変化し，光合成や形態形成への影響も異なる。植物への影響を考慮して光質を評価する指標としては，R（赤）/B（青）比（もしくは B/R 比），R/FR（遠赤色）比などがある。栄養成長を中心とした葉菜類の栽培においては，最適な R/B 比を求める研究が盛んに行われている。なお，これらの指数を求める際，一般的には，青色 400〜500 nm，赤色 600〜700 nm，遠赤色光が 700〜800 nm で計算されることが多いが，青色，赤色，遠赤色光の波長域の定義は明確には定まっておらず，注意が必要である。

3.2　光合成作用スペクトル

　作用スペクトルとは，光合成などの光化学反応において，各波長の光がその反応をどの程度引き起こすか（どのくらいの効率や量子収率を持っているか）をグラフ化したものである。光合成作用スペクトルは，照射した単色光により駆動された光合成速度を調べることで求められるが，単位エネルギーベースと単位光量子数ベースでは異なること，照射した光か，吸収された光かでも異なることに注意が必要である。図 1 に，照射した光エネルギーベースおよび吸収された光量子ベースの光合成作用スペクトルの一例を示す。照射した光エネルギーベースで評価した場合，光合成の効率は，660〜680 nm 付近が最も高くなり，680 nm 以降の波長において急激な低下が見られる。これは，高等植物の光合成には 2 つの光化学系が存在することに起因する。光化学系 I，II の反応中心は，それぞれ 700 nm，680 nm に光吸収の極大を持ち，これらが光量子を吸収することで，電子の流れ（電子伝達）が起こり，還元力（NADPH）と ATP が生成される。光化学系に係る物質（電子伝達系成分）の酸化還元電位と電子の流れを表現した模式図を Z スキームと呼ぶ。光化学系 II に吸収されにくい 680 nm より長い波長の光（例えば遠赤色光）を照射するなど，2 つの光化学系への光の分配の偏りが生じると，光合成の効率は低下する。

第3章　人工光環境と植物の光合成

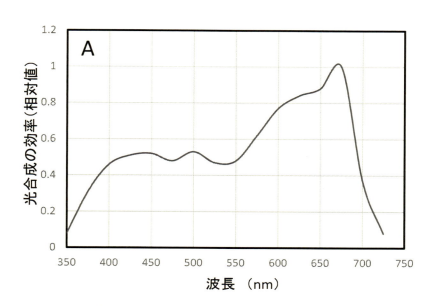

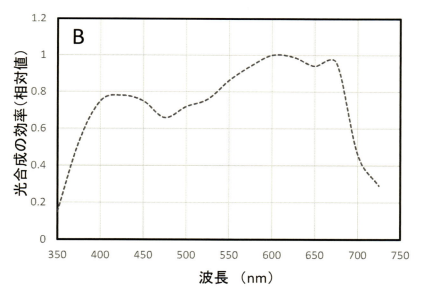

図1　光合成作用スペクトルの一例
(A) 葉に照射した光エネルギーベース，(B) 吸収された光量子ベース
(McCree[8]のデータから作成)

3.3 単色光の交互照射

　LED 照明技術の進歩により，単色光に近い光（波長域が数十 nm に限定された光）をある程度の強度で照射できるようになり，植物生育への光の波長の影響が詳細に調査できるようになった。その結果，光の波長が植物の生理作用に与える影響について，新たな知見が得られている[1]。その中の光合成に関連するものとして，異なる波長の光を同時ではなく，交互もしくは時間をずらして照射する光環境制御法が提案され，注目されている。特に，青色 LED 光と赤色 LED 光を交互，もしくは時間をずらして照射すると生育が促進されることが報告されている[9~11]。メカニズムについては，不明な点が残されているが，Jishi ら（2016）[10]は，青色光，赤色光の単色光照射時に，葉の伸長が促進され，葉面積が増加することを示しており，これにより群落光合成速度が増大している可能性がある。

3.4 光質の履歴効果

　光質は，光強度と同様に，葉の光合成特性にも様々な時間スケールで影響を及ぼす。本項では青，赤および遠赤色光を取り上げ，それぞれに対する光合成の応答を紹介する。

3.4.1 青色光による影響

　青色光は，短期的には，光受容体フォトトロピンを介して気孔開口を促進する[12]。また，長期的には，光合成系タンパク質含量に影響を及ぼす。とくに赤色光に青色光を添加することが葉の光合成特性に及ぼす影響については，さかんに研究が行われており，たとえば青色光添加により葉身窒素含量が高まり，光合成系タンパク質含量および最大光合成速度が大きくなる[13]ことが報告されている。

3.4.2 赤色光による影響

　葉面 PFD あたり光合成速度を短期的にもっとも大きくするのは，赤色光である（図1；作用スペクトル）。しかし，赤色光のみを栽培光とした場合，葉の光化学系 II の最大量子収率および最大光合成速度が小さくなるといった機能不全が生じ，結果的に成長速度が小さくなる[14]。赤色光栽培により光合成に機能不全が生じるメカニズムは明らかではない。前項の通り青色光の添加により症状が改善されるため，赤色光に特異な反応というより青色光を受光していないことが原因である可能性がある。

3.4.3 遠赤色光による影響

　前述の通り，遠赤色光は光化学系 I を過剰に励起する（3.2項）。この励起バランスの偏りは，短期的には光化学系 II の光捕集アンテナの一部が動的にその結合先を調節するステート遷移と呼ばれる機能により，長期的には光化学系の量比が調節されることにより，是正される[15]。

第3章　人工光環境と植物の光合成

4　植物の光合成評価法について

4.1　光合成速度の評価法

　光合成の適切かつ定量的な評価は，栽培管理においても重要である。一般に光合成速度は，ガス交換による炭素固定という観点から，単位時間当たり単位葉面積当たりのCO_2吸収（固定）速度（$g\,m^{-2}\,s^{-1}$もしくは$mol\,m^{-2}\,s^{-1}$）として表現される。また，光合成には，光量子を利用して電子伝達を行う光化学反応といった側面もあり，どの程度光を利用できたか（量子収率），どの程度電子伝達を行ったか（電子伝達速度）という観点からも評価できる。クロロフィル蛍光，分光反射測定がこの評価に利用できる。さらに，光合成の結果，獲得したバイオマスの量からも，ある期間中の光合成量が評価できる。また，直接的ではないが，蒸散速度測定や葉温測定などによるガス交換能評価も，光合成に関する情報を与える。

4.2　ガス交換速度測定

　CO_2ガス吸収速度は，葉もしくは植物体全体を一定の容器（同化箱もしくはチャンバー）に入れ，閉鎖時のCO_2濃度の減少を測定する閉鎖式チャンバー法（Closed system），一定の流量で通気した際の流入空気と流出空気のCO_2濃度差を測る通気式（開放式）チャンバー法（Open system）等により測定することができる。閉鎖式の場合は，測定時にガス環境が変化することに注意が必要である。正確な測定には，市販されている光合成蒸散測定装置の利用が望ましいが，チャンバーの自作も可能であり，ハウスなど栽培空間全体をチャンバーに見立てることも原理的には可能である。近年，安価なCO_2ガス濃度センサーが入手できるようになり，こうした測定法の可能性が広がっている。

　なお，ガス交換速度は，測定環境条件により，大きく変わることに留意する必要がある。同一の葉においても，温度，湿度，光強度，光質が変化すると，ガス交換速度は変化するので，比較を行う際には，測定環境条件の統一が必要である。さらに，栽培時の光質が異なる葉の光合成速度を比較する場合は，同じ光源下での光合成速度測定であっても，その光源によって比較結果が異なってくる可能性があること[15]に留意が必要となる。

4.3　クロロフィル蛍光測定

　クロロフィル蛍光は，クロロフィルに吸収された光量子のうち，電子伝達に使用できなかった光量子の一部が，蛍光として再放出されるもので，光化学系の状態に関する情報を含んでいる。パルス変調（Pulse Amplitude Modulation）蛍光測定装置を使用すると，光合成速度と関連する指標として，光照射下での光化学系Ⅱの量子収率を測定することができる。また，クロロフィル蛍光を画像計測することで，光化学系Ⅱ量子収率の面的な把握が可能であるが，その際は，飽和パルスを画像測定領域全体に照射するよう留意しなければならない。また近年開発されたレーザー光を当ててクロロフィル蛍光を誘導するLIFT（Laser Induced Fluorescence

Transient）法では，飽和光を当てずに，量子収率を面的に算出できる。

4.4 分光反射測定

　葉における分光反射は，葉内の色素組成の変化等に対応するため，光合成の状態を示している場合がある。衛星リモートセンシングで頻繁に利用される植生指数は，クロロフィルの反射特性に対応した分光反射指数であり，赤色域および近赤外域の反射の差もしくは比から算出される。特に，衛星リモートセンシングでは，正規化植生指数（Normalized Difference Vegetation Index；NDVI）が，葉の量やクロロフィルの量に関する情報を提供し，間接的ではあるが，光合成に関する情報を与えうる。一方，緑色波長帯での分光反射率から計算される光化学反射指数（Photochemical Reflectance Index；PRI）[16]は，熱放散に係るキサントフィルサイクル色素の組成によって変わりうる指数で，光化学系II量子収率との関連が報告されており，光合成評価に有効な分光パラメータである。PRI は，光学フィルタとデジタルカメラを組み合わせた分光画像計測により，光合成速度の面的把握に向けた応用の可能性を有する[17]。

4.5 成長速度解析

　植物は光合成により成長することから，成長速度の解析は，光合成に関する情報を与えうる[1]。成長速度は，単位時間あたりの成長量，すなわちバイオマス（乾物重）増加量（g）として定義できるが，植物の場合，光合成を行う葉が多いほど，つまり，大きい植物ほど，個体としての成長速度は大きくなる。そこで，成長速度（g d^{-1}）を現在の大きさ（g）で除した相対成長速度（Relative Growth Rate；RGR，d^{-1}）が成長の評価指標として使用される。さらに，純同化速度（Net Assimilation Rate；NAR，g m^{-2} s^{-1}）は，光合成速度と同じディメンジョンを持ち，これらの指標の定義は以下のとおりである。

$$\text{RGR} = 1/W \ (dW/dt) = \text{NAR} \times \text{LAR}$$
$$\text{NAR} = 1/L \ (dW/dt)$$

ここで，W（g）は乾物重を L（m^2）は葉面積を，LAR は葉面積比（Leaf Area Ratio，m^2 g^{-1}）を表す。なお，これらの算出には，破壊測定が必要である。RGR の代替として，相対葉面積増加速度（Relative Leaf Growth Rate；RLGR，d^{-1}）が利用される場合もある[18]。RLGR は，画像測定から得られる投影面積などを利用して，非破壊的に算出できる可能性がある[19]。

第3章　人工光環境と植物の光合成

文　　　献

1) 荊木康臣，植物環境工学，**30**, 79-85（2018）
2) Jishi, T. *et al.*, *Photosynth Res.*, **124**, 107-116（2015）
3) 寺島一郎，光と水と植物のかたち，pp.85-118，文一総合出版（2003）
4) 河野優，寺島一郎，光合成研究，**26**, 95-105（2016）
5) Zhu, X. G. *et al.*, *J. Exp. Bot.*, **55**, 1167-1175（2004）
6) Kromdijk, J. *et al.*, *Science*, **354**, 857-861（2016）
7) Matsuda, R., Murakami, K., *Progress in Botany* Vol.77, pp.151-166, Springer（2016）
8) McCree K. J., *Agric. Meteorol.*, **9**, 191-216（1971-1972）
9) 執行正義ら，特許第 5729786 号（2015）
10) Jishi, T. *et al.*, *Sci. Hortic.*, **198**, 227-232（2016）
11) 大竹範子ら，植物環境工学，**27**, 213-218（2015）
12) 木下俊則，化学と生物，**53**, 608-613（2015）
13) Matsuda, R. *et al.*, *Plant Cell Physiol.* **45**, 1870-1874（2004）
14) Trouwborst, G. *et al.*, *Environ. Exp. Bot.*, **121**, 75-82（2016）
15) Murakami, K. *et al.*, *Environ. Cont. Biol.*, **55**, 1-6（2017）
16) Gamon, A. *et al.*, *Remote Sens. Environ.*, **41**, 35-44（1992）
17) Murakami, K. Ibaraki, Y., *Physiol. Plant.*, in press（2018）
18) Arvidsson, S. *et al.*, *New Phytol.*, **191**, 895-907（2011）
19) Ibaraki, Y., Dutta Gupta S., Plant Image Analysis, pp.25-40, CRC Press（2014）

LED の照明技術 編

第4章　植物育成用白色LEDの開発と応用

金満伸央*

1　はじめに

　発光ダイオード（LED）の普及が進み，一般の利用者でも比較的性能の良いLEDを簡単に入手できるようになった。また，LEDメーカーによる性能の改善が進み，発光効率の高いLEDや高演色性のLEDが照明やディスプレイ機器等に搭載されるようになり，LEDは高品質でかつ低コストという傾向が加速している。しかし，それらの照明やディスプレイ機器等は，あくまで人が使用するために開発されたものであり，植物を育てる目的に利用するには必ずしも適しているとは言えない。この章では，植物の視点から植物育成用に開発をした白色LEDの紹介とそのLEDを用いた植物育成用の照明器具を紹介したい。植物育成に適したLEDや照明器具を検討されている方への参考になれば幸いである。

2　白色LEDの発光方式

　一口に白色LEDと称しても，いくつかの発光方式が存在する。代表的な白色の発光方式を下図に示す。赤色，緑色，青色の発光色の異なる3種類のLEDを用い，各色を混合させて白色を作るマルチチップ方式（図1）。青色LEDに黄色系の蛍光体を混ぜて，青色LEDを励起源として蛍光体を励起させ混色により白色を作るシングルチップ＋蛍光体方式（図2）。青色LED（もしくは近紫外LED）に緑色系蛍光体や赤色系蛍光体を混ぜて，青色LED（もしくは近紫外LED）を励起源として複数の蛍光体（例えば緑色，赤色）を励起させ混色により白色を作るシングルチップ＋多色蛍光体方式（図3）に大別される。

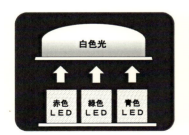
図1　マルチチップ方式

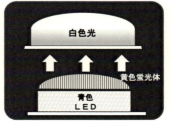
図2　シングルチップ＋蛍光体方式

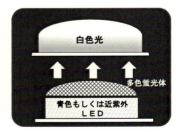
図3　シングルチップ＋多色蛍光体方式

　＊　Nobuhisa Kanemitsu　スタンレー電気㈱　照明応用事業部　主事

3 植物育成用白色LEDの開発

植物の生育に影響する光の波長を知るには，McCree（1972）とINADA（1976）により61種類の作物の平均値を測定した光合成作用曲線が報告されている（図4）。

赤色光（650 nm～700 nm）に大きなピークと青色光（440 nm～450 nm）に小さなピークがあることがわかる。しかし，ここで注目をしなければいけないのは，370 nm～770 nmの間の波長では光合成の比エネルギーに大小はあるものの，どの波長においても光合成が行われているという点である。すなわち，この光合成作用曲線に近似した波長特性を持つLEDが実現すれば，効率良く光合成をさせることが可能になる。植物育成用として開発されたLED照明では，青色と赤色のLEDを一定の割合で配したマルチチップ方式による照明器具や青色LEDに黄色系蛍光体を混ぜたLEDを並べたシングルチップ方式による照明器具が良く知られている。しかし，前述した通り光合成は370 nm～770 nmの波長範囲すべてで行われているために，それらの方式では以下の課題が残る。

マルチチップ（青色LED＋赤色LED）方式：中間の波長域がないため光合成に利用されない波長域が存在して光合成効率が低い（図5）。

シングルチップ＋蛍光体（青色LED＋黄色系蛍光体）方式：赤系色の成分が少ないため光合成効率の最も高い波長域の存在割合が低い（図6）。

そこで，両方式の課題を解決する方法としてスタンレー電気では，青色LEDに複数の蛍光体を混ぜることにより光合成作用曲線に近づけた植物育成用の白色LEDを開発した（図7）。

ここで，生育に最適な波長を定めるにあたっては，LEDを量産した際に発生する特性のバラツキを考慮して，生育に許容される波長（色度枠）の範囲を実際の栽培試験から求めた。量産の際のLEDの色度枠のイメージを図8に示すが，色度中心から最も外れる4点の位置（①～④）の特性を持つLEDを製作してリーフレタスによる水耕栽培試験を行った（図8）。

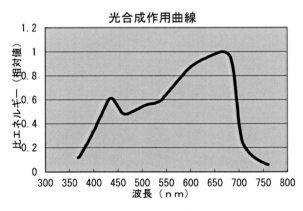

図4　光合成作用曲線

第 4 章　植物育成用白色 LED の開発と応用

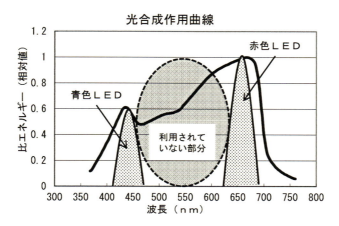

図 5　マルチチップ（青色 LED ＋赤色 LED）方式

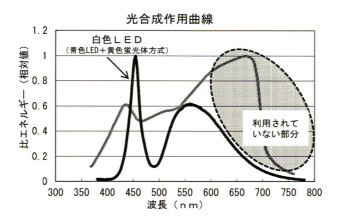

図 6　シングルチップ＋蛍光体（青色 LED ＋黄色蛍光体）方式

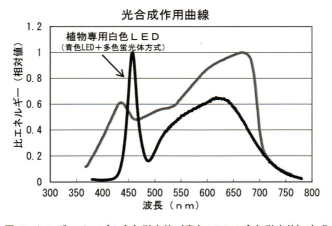

図 7　シングルチップ＋多色蛍光体（青色 LED ＋多色蛍光体）方式

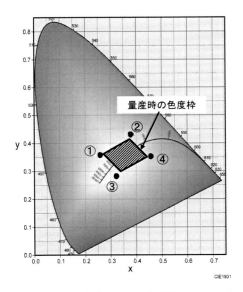

図8 CIE xy色度図による色度枠のイメージ

　栽培試験の結果（播種後25日目）を写真1および写真2に示すが，試験結果からは③もしくは④へのシフトでは生育に問題は発生しなかったが，①および②へシフトすると生育不良が顕著になることが判明した。この結果をもとに最適なLEDの波長（色度枠）を導き出し，植物育成用LEDとしての規格化を行った。

写真1　栽培試験結果（播種後25日目）

第 4 章　植物育成用白色 LED の開発と応用

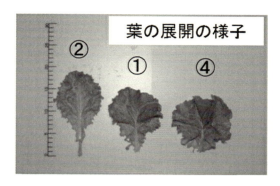

写真 2　栽培試験結果

4　植物育成に適した照明器具

3 項で説明をした植物用 LED の性能を最大限に引き出すための照明器具も植物育成では重要な要素になる。本項では，スタンレー電気が保有する照明技術を用いて開発を行った，閉鎖型植物工場用照明器具ならびに補光用照明器具について紹介をしたい。

4.1　閉鎖型植物工場用照明

照明器具の形状は，一般的な閉鎖型植物工場用照明として利用されている蛍光灯型の器具やバー型の器具形状とは異なり，パネル型の面照明器具形状になっている（写真 3）。

面照明の特長は，栽培ベッド上に均等に定植された植物に均一に光が照射できるという点にある。いわゆる太陽光が地上に照射される状態をイメージしてもらえば良い。また，光のエネルギーを有効に利用するには，なるべく照明器具（光源）を植物に近接させたいが，近接をさせると LED が点光源という特性から蛍光灯型器具や LED をぎっしり並べた面型器具では，どうしても照射分布にムラが生じてしまう（図 9）。

写真 3　パネル型の面照明

43

その問題を解決するためにLEDからの光を直接植物に照射するのではなく，間接的に利用するリフレクタ構造を用いた面状照明器具とした（図10）。

このリフレクタ構造の採用により植物と照明器具との距離に影響されることなく照射分布のムラが少なくかつ光量変化も少ない照明を実現した（図11）。

リフレクタ方式には前述の他にも以下のような特長がある。

① 間接光により植物が照明器具に近接や接触した際に起こる光障害や熱障害が発生しにくい。
② LEDの使用数が線照明や点照明方式より削減できるため，照明の消費電力が抑えられる。
③ 上記②により光源（LED）からの発熱も少なく栽培室内の空調への負荷が低減できる。
④ 施工・設置が容易である。

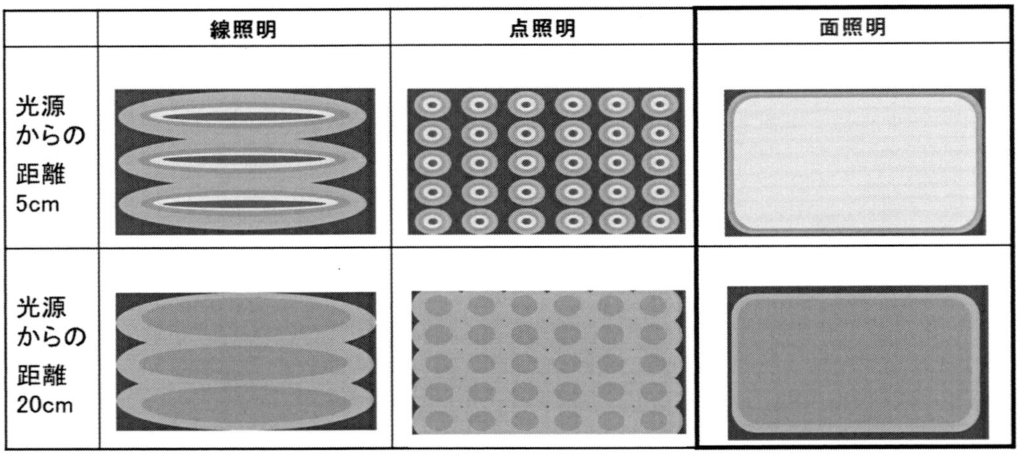

	線照明	点照明	面照明
光源からの距離 5cm			
光源からの距離 20cm			

図9　照明灯具形状の違いによる照射分布のイメージ
色の違いは光量の差を示す。

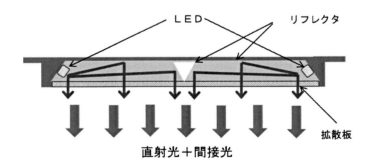

図10　面照明（断面イメージ）

第4章 植物育成用白色LEDの開発と応用

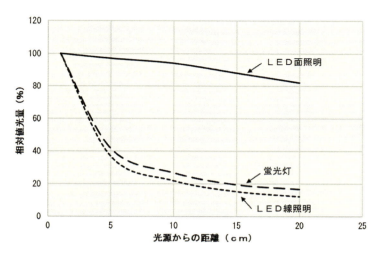

図11 リフレクタ構造採用による照射分布と光量変化

写真4 植物工場での採用例

4.2 補光用照明

補光は日照時間の少ない冬季や日照不足の時期に太陽光の光エネルギーを補うための照明である。補光用照明に要求される要件としては以下のような項目が挙げられる。

① 大光量である。
② 消費電力が少ない。
③ 照明器具が小型でコンパクトである。（太陽光の照射を照明器具で妨げない様にするため）
④ 1台の灯具でなるべく広い範囲が照射できる。（設置台数の最適化により導入コストの低減が図れる）
⑤ 安価である。

前項の閉鎖型植物工場用照明ではパネル型の面照明を採用したが，補光用照明では上記の要求要件を満足するために投光器型の小型でコンパクトな照明形状とした。また，栽培場所や栽培施設の多様性に対応するためにユニット方式を採用し拡張性を容易にした（写真5）。

照明器具が設置される位置や高さにより対象植物までの照射距離が異なるという要求に対しては，ユニット方式に加えてレンズを組み合わせることで対応をした。レンズを使用することで同じ形状と光量特性を持つ照明灯具においてレンズを使用しないものと合わせ4種類の異なる配光を実現した（写真6）。このようにレンズの選択とユニットの組み合わせにより，様々な設置環境下において低コストで最適な光量を有する補光を実現した。

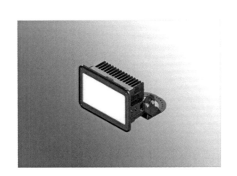

写真5　ユニット方式による拡張例

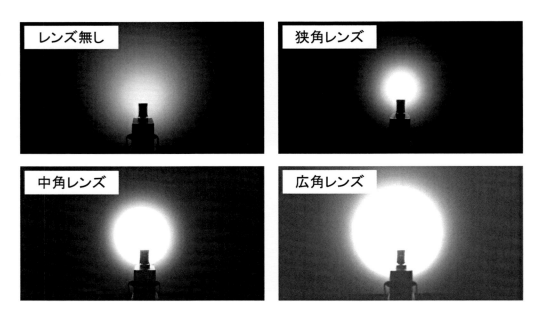

写真6　レンズを利用した配光

第 4 章　植物育成用白色 LED の開発と応用

写真 7　補光用照明での採用例

5　おわりに

　LED の波長が植物に与える影響は様々であり，今後もさらに解明が進むと思われる。また，紫外光や赤外光の LED の普及がさらに進めば可視光領域外の波長による植物への影響へと研究は拡大するであろう。しかし，植物は太陽光線の下で進化や生育を遂げてきた歴史があることから，やはり太陽光に近い光質で生育をさせるのが最適であると考えている。今回ご紹介をした植物育成用白色 LED 照明は，現在の技術にて太陽光に近い光源（LED）の開発と照射方法を実現化したものであり，植物の生育に適した照明に一歩前進したのではないかと確信している。今後も LED の性能向上や照明器具の改善を図りながら，さらなる LED 植物用照明の開発と普及に貢献していきたい。

第5章 3波長ワイドバンド LED の光質における植物の高付加価値化

片山貴等[*1]，西田真ノ輔[*2]，松本康宏[*3]

1 はじめに

2009 年の農林水産省と経済産業省による約 150 億円の植物工場補助事業を皮切りに植物工場事業に新規参入を試みる事業者が増えており，2011 年には 64 箇所であった植物工場の数も 2017 年には 197 箇所とおよそ 3 倍に増加している。一方で，LED などの人工照明と空調施設を用いて環境を制御する「完全閉鎖型植物工場」の場合，初期投資やランニングコストにかかるコストが高く，補助金を利用して新規参入を果たした中小規模の植物工場事業者は採算性のある経営を継続することが難しい実情が存在する。そのため，事業の差別化や採算性の観点から，付加価値の高い薬草や機能性野菜の栽培といった事業モデルが普及している。弊社では，2007 年の創業以来，人工的な環境ストレスによる機能性植物の栽培技術開発を進め，「ツブリナ」を始めとした機能性野菜の栽培を行ってきた。本稿では，これまでのストレス負荷栽培及び，「3 波長ワイドバンド LED」を用いた光質の違いが植物の高付加価値化に与える影響について記述し，今後の「完全人工光型植物工場」の発展や事業化について紹介する。

2 青色光によるレタス着色の促進について

植物工場でサニーレタスを水耕栽培した場合，露地栽培に比べて葉の着色が不足し，市場での商品価値が損なわれている。一般的に，葉の着色は青色光によって誘導されるアントシアニンの含有量に依存しており，これまでに半閉鎖型植物育成施設において青色光の夜間補光によってアントシアニン合成，葉の着色が促進されることが報告されている。しかし，完全閉鎖型植物工場における報告は少ない。本研究は，効率的なサニーレタスの着色条件を探索するために，収穫 3 日前のサニーレタスに対して青系統を中心とした波長の異なる LED 光を照射し，葉の着色に及ぼす影響を比較した。使用した光源は弊社 3 波長ワイドバンド LED（白色），3 波長ワイドバンド LED（青白色），青色 LED（青色）の 3 種類を使用した。品種はレッドファイヤーを用いて，3 波長ワイドバンド LED（白色）照明下 163 μmol m^{-2} s^{-1} で 38 日間栽培を行い，39 日目に白色

---

*1 Takara Katayama 日本アドバンストアグリ㈱ スマートアグリ事業部 研究開発
*2 Shinnosuke Nishida 日本アドバンストアグリ㈱ スマートアグリ事業部 設備開発
*3 Yasuhiro Matsumoto 日本アドバンストアグリ㈱ スマートアグリ事業部 取締役

第 5 章　3 波長ワイドバンド LED の光質における植物の高付加価値化

光，青色光，青白光の 3 種類の照明を点灯し，96 時間全明期条件下で生育した。栽培した作物の着色度について，植物体全体の画像解析とアントシアニンの定量を行い評価した。その結果，青白光下で栽培した作物において，画像解析および，アントシアニン定量のどちらにおいても優位な違いが確認された（図 1，2）。着色面積に関しては，青白光を当てた区画において約 1.7 倍程度の向上が確認された。実際にレタスに含まれる赤色色素であるアントシアニンを測定したところ，青色光区に比べ，青白光区，白色区の順に豊富に含まれていることが明らかとなった。

また，今回の試験において，各試験区画間の生株重量に差が認められなかったことから，作物の生育抑制に作用する青色光を収穫前 3 日間で処理しても収量に与える影響が少ないことを示している。アントシアニンは紫外線または青色光照射とは別に強光ストレスに下流において合成が制御されていることが報告されている。また，近年植物は葉緑体での赤色，青色の波長に加え，緑色の波長を葉内で屈折させ，何度も葉緑体と遭遇させることで効率よく光合成に利用していることが報告されている。

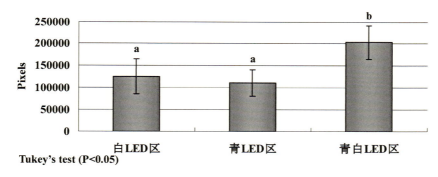

図 1　各試験区における作物の着色面積

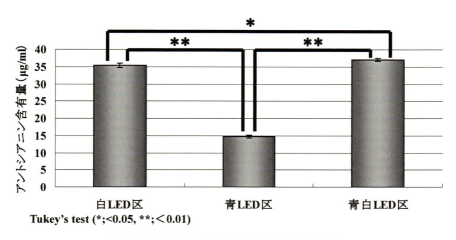

図 2　各試験区におけるアントシアニンの含有量

これらのことから，青白光を照射した区画の植物体においては，直上から照射される青色光に加え，葉内で反射された緑色光に晒され，恒常的に強光ストレスを受ける部分が発生している。この結果，葉の一部においてアントシアニンの合成が誘導されている可能性が存在する。しかしながら，今回の結果においてはあくまで，画像解析の結果を数値化したに過ぎないため，今後青白光におけるアントシアニン誘導機構を解析するためにはアントシアニンの定量及び，フォトトロピンや強光ストレス下で発現が制御されている遺伝子の転写解析等を行う必要がある。

3　白色光による密接栽培マイクログリーンの効率的生育技術

　近年，マイクログリーンと呼ばれる，若芽野菜が注目されている。マイクログリーンはその高い栄養価と鮮やかな色彩から北米を中心に流行の兆しを見せており，2013年以降急激に市場が開拓されつつある。しかしながらマイクログリーンはその栽培方法や培地，養液の配合比率等の僅かな違いによって栄養素の含有量が異なり，安定的に同じ品質の作物を生産することが難しいとされている。そこで弊社が新規開発を行った「マイクログリーン栽培システム」を用いてマイクログリーンの一種であるワサビ菜の栽培評価及び，光質の違いがマイクログリーンの生育に及ぼす影響について研究を行った。

　手法としては，窒素，リン，カリウムを0.8gずつ配合したDロックウール（日本ロックウール㈱）に水道水を含ませ，異なる播種密度でワサビ菜（Johnny's seed）を蒔き19日間，発芽，栽培を行った。光源は3波長ワイドバンドLED（白色，赤白，青白）（日本アドバンストアグリ㈱）をそれぞれ5灯用い，光量子を254〜287 μmol m^{-2}s^{-1}に調整し，12時間明期としてマイクログリーン栽培システム（図3）にて栽培を行った。実際の栽培の様子を図4に示す。

　各試験区における収穫量の差は図5に示したように，白色光区で最も良好な結果が得られた。青白光区に比べて約2.5倍程度の収穫量の差は量産時に大きな影響をもたらすことが予想される。また，マイクログリーンがサラダや彩り野菜として使用されることを考慮し，体調重量比から見た目の良さを評価した。青白光区や赤白光区においては，全体的な徒長により，重量に対して植物体の長さが長い傾向が確認されるが，白色光区に関しては，その中でも低い体調重量比を示しており，バランスの良い生育が確認された（図6）。さらに，密接栽培による効率的な栽培条件の検討を行ったところ，白色区において栽培密度増加に対する収穫量の増大が確認された（図7）。これは，白色光の中に含まれる緑色光が密接した葉緑体で一定割合反射されることで，葉が重なった状態でも広い範囲の葉緑体に光が到達し，効率的な光合成が行われていることを示唆している。現在，米国市場において主流とされているマイクログリーンの品種は40〜50種ほどあり，作物としてはヤングコーンやひまわりといった変り種も存在するため，今後はワサビ菜以外の品種についても安定的に栽培できる条件の検討が必要とされる。また，最近の研究において同じ品種の生育しきった露地作物とマイクログリーンを比較したところ，マイクログリーンにおいてカルテノイドが5倍以上含まれていることが明らかとなった。また，カルテノイドをはじ

第5章 3波長ワイドバンドLEDの光質における植物の高付加価値化

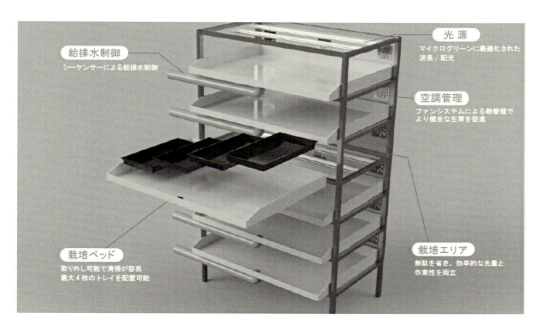

図3 マイクログリーン，育苗装置の概要

図4 マイクログリーンの栽培風景

51

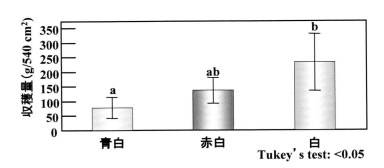

図5　各試験区における収穫量

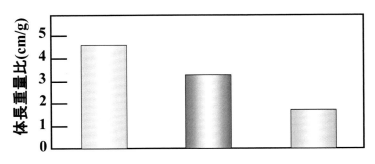

図6　各試験区における体長重量比

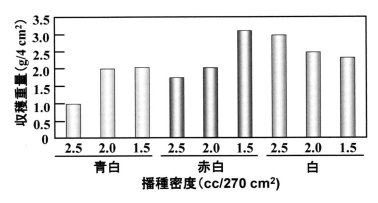

図7　播種密度と光質の違いが収穫量にもたらす影響

めとする栄養素は紫外線や青色光を照射することで蓄積する傾向があると考えられている。今後は目的とする機能性成分を絞り，その成分を最大限の活用できる条件を検討し，新規野菜として国内外に広めて行きたいと考えている。

第5章 3波長ワイドバンドLEDの光質における植物の高付加価値化

4 光質がアイスプラント「ツブリナ」の生育に与える影響

　近年，人工光型植物工場における植物育成光源は，消費電力量や熱放射が小さく長寿命で波長制御が容易なことからLED照明が一般的となってきている。しかしながら，栽培作物や品種が多様化するなかで作物ごとに適切な光強度や波長特性を持つLED照明を選択するのは簡単ではなく，試験栽培を重ねる必要がある。本研究は，長年の人工光型植物工場の運営において蓄積されたノウハウから開発された3波長型ワイドバンドLED青白色／白色／赤白色の3種を用い，波長の違いがアイスプラント（学名 *Mesembryanthemum crystallinum*（以下，ツブリナ™という））の生株重量に影響があるかについて調査した。

　湛液水耕の養液は大塚A処方（養液中に塩分を含む），pH 6.5＋／－1.0，液温 22＋／－2℃，室温 22＋／－2℃，相対湿度 70＋／－10%，二酸化炭素 400-600 ppm に調節した。供試植物であるツブリナ種子をウレタンキューブに播き，翌日から3波長型ワイドバンドLED白3灯で30日間栽培した。31日目以降は各試験区である3波長型ワイドバンドLED青白3灯／白3灯／赤白3灯の3試験区で32日間栽培し収穫後，生株重量を測定した。3試験区の3波長型ワイドバンドLEDの明期は 20 hrs/day，光量子束密度（PPFD）は 150-180 µmol m^{-2} s^{-1} に制御し，3試験区の消費電力量は全て 75/kWh に調節した。3試験区の分光分布は図8に示す。

　収穫時の様子を図9に示す。3試験区を比較して3波長型ワイドバンドLED白色で平均生株重量が高い傾向がみられた（図10）。今回の試験の分光分布図（図8）を見ると3波長型ワイドバンドLED青白が比較的高い青色光を持つため，光合成色素であるクロロフィルbに寄与し主に茎の部位である食味部重量を大きくするのではないかと推測していた。しかし，3波長型ワイドバンドLED白色も光合成効率が高いことが明らかとなる結果であった。また，平均生株重量，

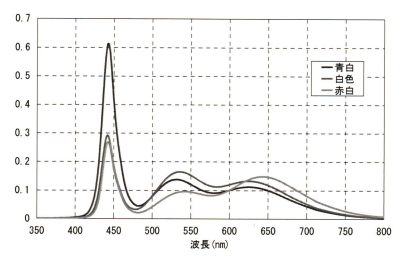

図8　3波長型ワイドバンドLED分光分布図

アグリフォトニクスⅢ

青白色　　　　　　　白色　　　　　　赤白色

図9　3波長型ワイドバンドLEDで栽培したツブリナ™

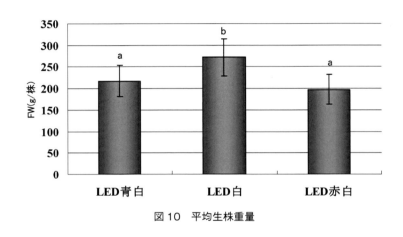

図10　平均生株重量

株あたりの平均食味部重量ともに高い傾向がみられたのは光質において比較的に緑色光が高い3波長型ワイドバンドLED白色であった。光合成において緑色光は吸収されにくいとされているが，緑色光の特徴である反射や透過性が植物工場特有の高い密集群落の下葉まで光が届き光合成色素であるカロテノイドに遭遇し，効果的に光合成が駆動したと考えている。

5　健康食品事業へ

5.1　ストレス負荷栽培環境技術

　従来の植物工場は，植物が育ちやすい好適環境を再現するための制御が行われている。一方で，ストレス負荷型栽培技術は，植物の成長過程での特徴を理解し，①植物の効率的生育に必要な好適環境，②植物が持つ本来の栄養成分を高めるストレス環境，以上の2つを自動的に制御できるアルゴリズム（効率的手順）が必要となる。

　どのようなストレスをどの程度の割合で成長のどの段階で与えるとどの栄養成分が増加するかについては，実験により確認することが重要で，実験結果から自動的に環境制御ができるアルゴ

第5章　3波長ワイドバンド LED の光質における植物の高付加価値化

リズムを組みこんだソフトウェアが必要となる。

　そのためには，空気制御（温度，湿度，気流，二酸化炭素濃度など），光環境制御（光強度，光周期，光質など），溶液環境制御（pH，EC〈電気伝導性〉，溶存酸素など）を管理するセンサーをあらかじめ栽培室に組み込むことが重要となる。高度なハード制御と栽培ノウハウの管理制御技術をアルゴリズム化し，組み込みソフト化することにより制御装置の全自動化が可能になる。弊社ではアイスプラント「ツブリナ」のストレス栽培を実施し，ピニトール含有量を高める環境条件を発見し，ストレス負荷型栽培装置に組み込んでいる。

5.2　アイスプラント「ツブリナ」の健康食品事業化

　アイスプラントにとって，塩ストレスがイノシトール類（ピニトール）の蓄積を誘導する因子であることは既に報告されているが，この現象は浸透圧ストレスに属する他の要因によっても再現されることが自社実験によって明らかとなった。

　このピニトールは，1997 年にアメリカ食品医薬品局（FDA）により安全なサプリメント原料として認可されている。生活習慣病予防，血糖値調整（糖尿病予防），多嚢胞性卵巣症候群（PCOS）治療，肝機能向上，アルツハイマー病，皮膚炎症治療などに効果が期待されており，韓国でも 2007 年に健康強調表示（ヘルスクレーム）が認められている。

　アメリカ・韓国ではⅡ型糖尿病患者の血糖値調整の臨床試験が既に完了しており，医家向けサプリメントとしても高い負荷価値成分として論文が多く発表されている。また，高い抗酸化活性も確認されており，肌の老化（肌の黄ぐすみ，弾力低下によるたるみ，しわ，しみ）防止にも役立つと考えている。

　弊社では，人工栽培で環境制御ストレスを加えた「ツブリナ」乾物中の機能性成分（栄養成分）の分析を実施している。ピニトール，プロリン，種々のミネラル，ビタミン，ファイトケミカル，AHA フルーツ酸の含有が確認されている。また，完全閉鎖型の植物工場で栽培を行っているため，農薬，純金属，放射性物質の検出は一切ないことが確認されている。

　また，アイスプラント「ツブリナ」をホールフード（自然の食物をまるごと取り入れること）の健康食品素材として実用化することを目指し，アイスプラントのストレス動態と機能性成分の相関性評価を行い，ピニトールを増加させた栄養補助食品（サプリメント）「グラシトール」を開発，2013 年 4 月から出荷を開始した。このグラシトールは，モンドセレクション「ダイエット並び健康製品部門」にて，2013 年から 2017 年まで 5 年連続金賞を受賞している。

　また，グラシトールの原料となるストレス栽培を行った「ツブリナ」は，生食用の「ツブリナ」の約六倍のピニトールを含有し，さらに乾燥粉末では，大豆乾物の 8.5 倍の含有量となっており，相当な量のピニトールが含まれていることがわかってきた。

　ピニトールには科学的な根拠を備えた抗糖尿病成分が含まれており，既に述べたように，安全なサプリメント原料としてアメリカや韓国において認可されている。

　国内ではトクホ（特定保健用食品）関連の血糖値を下げる健康食品市場が約 200 億円あり，さ

55

らに糖尿病予備軍が2000万人程度と推測されている。

2015年4月1日に施行された食品表示法の改訂により，機能性表示食品として事業者の責任で，科学的根拠を基に商品パッケージに機能性を表示することが可能となった。

現在，機能性表示食品を見据えた臨床試験を開始しており，グラシトールの機能性表示が可能となれば，大きな販路開拓が期待される。

6 おわりに

機能性評価と予防医学的評価を踏まえ，「美容と健康」のアンチエイジング機能性野菜「ツブリナ」の日産日消（日本で生産し，日本で消費すること）を基本とし，全国展開に向けて知名度を上げ，さらには健康食品素材（グラシトール）として海外展開も視野に入れている。弊社の植物工場事業モデルは，単なる野菜生産ではなく，植物が持つ機能性成分の高含有化，濃縮，精製後の健康食品製造という「ライフサイエンス事業」としても期待されると考えている。植物工場産の植物粉末は天然の素材であり，無農薬が保証され，トレーサビリティも確保されており，消費者への訴求ポイントとして「安心安全」を前面に打ち出すことができる。

弊社ではすでに，東南アジアにて伝統的に使用される薬草についてストレス負荷型栽培実験にも取りかかっており，「植物工場のアグリからライフサイエンスに向けての事業化」を着々と進めている。小動物における機能性データを蓄積し，将来的な機能性表示獲得を目指している。また，弊社のストレス負荷型栽培技術は「関西ものづくり新撰2014」にも選定されており，これからもさらに技術を高めていきたいと考えている。

文　　　献

1) P. Adams and D. E. Nelson *et al*., "Growth and development of Mesembryanthemum crystallium," *New Phytologist*, **138** (2), 171-190 (1998)

2) 早川真・辻昭久・蔡晃植「HEFL照明を用いた植物工場におけるアイスプラントの生育と高機能化」日本生物環境工学会発表（2010）

3) 山本良子，植物性食品中のミオイノシトール含有量，ビタミン，50巻5・6号，225（1976）

4) 西村訓弘・臧 黎清・大村佳之ら，ゼブラフィッシュを用いた食品成分が有する肥満要請効果の測定とその応用展開，日本未病システム学会雑誌，17巻1号，80〜83（2011）

5) K. sakamoto *et al*., "Mesembryanthemum crystallinum extract suppressed the early differentiation of mouse 3T3-L1 preadipocytes," *Jounal of Pharmaceuticals*, **2** (4), 184 (2011)

6) 鈴木考洋・伊藤薫平・辻昭久ら，ショウジョウバエの求愛活動リズムの振幅を上げる物質，

第5章　3波長ワイドバンドLEDの光質における植物の高付加価値化

アイスプラント抽出物，日本時間生物学会学術大会発表（2012）

7) 山本将嗣・林田考弘・辻侑資ら，植物工場産機能性野菜ツブリナ（アイスプラント）のストレス負荷栽培技術，日本生物環境工学会発表（2013）

8) S. Agarie and A. Kawaguchi *et al.*, "Potential of the Common Ice Plant, *Mesembryanthemum crystallinum* as a New High-Functional Food as Evaluated by Polyol Accumulation," *Plant Production Science*, **12** (1), 37-46 (2009)

9) 辻侑資・早川真・辻昭久ら，植物工場産アイスプラント粉末（グラシトール）の機能性素材成分に関する研究，日本生物環境工学会発表（2012）

10) Elena Benelli, Scilla Del Ghianda, Caterina Di Cosmo *et al.*, "A Combined Therapy with Myo-Inositol and D-Chiro-Inositol Improves Endocrine Parameters and Insulin Resistance in PCOS Young Overweight Women," *International Journal of Endocrinology*, 2016 (1-5), (2016)

11) 山本将嗣・林田考弘・辻侑資ら，植物工場産機能性野菜ツブリナ（アイスプラント）のストレス負荷栽培技術，日本生物環境工学会発表（2013）

12) 山本将嗣，片山貴等，田中義隆，松本康宏，辻昭久，光質の異なるLEDがアイスプラントの食味部に与える影響，日本生物環境工学会発表（2016）

13) 片山貴等，松本康宏，辻昭久，山本将嗣，田中義隆，高橋大喜，青色LED光照射がサニーレタスの着色に及ぼす影響，日本生物環境工学会発表（2016）

14) 岸野弘幹，西田真ノ輔，片山貴等，松本康宏，辻昭久，3波長ワイドバンドLEDを利用したマイクログリーン栽培システム，日本生物環境工学会発表（2017）

第6章 高付加価値高栄養・機能性野菜生産を可能にする植物工場用 LED 照明技術

岡﨑聖一*

1 はじめに

人工光型植物工場業界に新たな潮流が訪れている。キヤノンとバイテックホールディングスなどはレタスやケールといった野菜を栽培する国内最大の植物工場を建設する。2019 年に日産 4 万株の工場を 2 つ新設し，さらに 2020 年秋を目途に日産 10 万株を超す第 8 工場を稼働させる。国内 8 工場すべてフル稼働すれば，日産は合計で 25 万株以上になるという。既に事業化が進んでいる大規模事例としては，スプレッドによるテクノファームけいはんな（京都府）の 3 万株自動化栽培工場が注目されている。最近植物工場事業者がこのような大規模投資を決断した背景には，天候不順が続く中，生産が安定している植物工場への期待が中・外食を中心に着実に高まっていることがある。長期的に見れば，植物工場の可能性は広がっていくと見ていいだろう。

一方，人工光型植物工場の多くは中小企業による取組みであり，事業者は栽培面積 1,000 平方メートル未満が 81％という調査結果が報告されている[1]。そのような多くの小規模事業者が大規模事業者と同じフィールド，同じ商材，同じ付加価値で戦うことは合理的とは言えない。事業規模に応じた事業戦略を執るべきである。本章では一般的なレタス以外の高付加価値高栄養・機能性野菜による商品差別化戦略，栄養成分，機能性成分，味覚，及び健康増進等をキーワードにした植物工場用 LED 照明技術について論じていきたい。

2 植物工場用 LED 照明に求められる性能

人工光型植物工場は，室内において人工光と多くの場合水耕栽培を組合わせて植物を生産するシステムである。その際，植物生産に適した「環境制御」をどのように行うかが重要となる。特に光合成の主役である“光”を植物がどのように使いこなしているかというメカニズムが理解できなければ，収益性の高い植物工場を経営することは困難である。

地球で生まれた緑色植物は，太陽光を浴びることで光合成を行い，進化の歴史を辿って来た。そのため，一般的に太陽光と同じスペクトルを持った光源が必要と言われることもあるが，現実は必ずしもそうではない。仮に電気代が無償で電力は使い放題という条件下では，疑似太陽光の

---

* Seiichi Okazaki ㈱キーストーンテクノロジー　代表取締役社長・CEO；
　　　　横浜国立大学大学院　環境情報学府　博士後期課程

第6章　高付加価値高栄養・機能性野菜生産を可能にする植物工場用LED照明技術

照明が普及する可能性を否定できない。しかしながら現実は，電力会社にkW/hあたり○○円の電気料金を支払い，電力を使用するのである。従って，植物工場用LED照明に求められる性能には，電気エネルギーを効率よく野菜等の植物生産に利用することが求められる。そこで大切なのが，植物は光をどのように利用しているかというメカニズムを理解して，「エネルギー利用効率」を追求することである。

　植物の大部分は光合成によって生活史を営んでいるので，太陽光を如何に効率よく自分のエネルギー源とするかは，植物自身にとっての最重要課題である。進化の過程で植物は，太陽光量のダイナミックな変化に対して，自分を何とか最適化しようとする仕組みを発達，進化させてきた。一般に葉緑体は葉の中で静止していると思われがちだが，青色光をモニターして，弱光下では葉の表側に集合して集光面積を増加させ逆に過剰な光強度下に晒されれば葉緑体の向きを変えて逃避運動を行っている。植物は動物と異なり固着生活を営むので，環境に対する順応性や適応性を発達させてきた。光や重力を感じ取りながら，それに応じて形を変化させる能力を持っている。植物が持つこうした「形態の可塑性」という特性は，植物工場の採算性向上に有効な「植物の潜在能力を引き出す栽培」を目的としたLED光源の要求仕様および栽培技術検討時に，極めて重要なファクターを提示する。

　植物に当てる光は強ければ強いほど良いわけではない。植物の種類や生理状態によって，適切な光の量は異なる。光合成は，光のエネルギーを電子の動きに変換し，その電子を使って過激なほどの化学反応を引き起こす反応である。光合成の最初の電荷分離過程での光エネルギーの転換反応は非常に速く数ピコ秒オーダーの速度で進行すると言われている。しかし，この反応を進行させるためには，LHCと呼ばれる周辺の集光アンテナ装置（クロロフィルbを多く含有）を介して多大な光エネルギーを流入させる必要がある。また光合成化学反応には二つの光化学系（PSⅠ，PSⅡ）があり，それぞれ光励起されて直列的に機能している。このような光化学反応が葉緑体チラコイド膜で行われるのに対し，引き続き進行する炭素還元反応は，葉緑体内のストロマと呼ばれる水溶性領域で進む。この反応の中心的役割を担うRubiscoの活性機構には光が関与することがわかっている（図1）。このような複雑な制御を受ける光合成過程に，光照射の方法の違いがどのように影響するのだろうか。一連の反応のどこかが滞れば，葉は化学反応が暴走し焼き切れてしまう。光合成の原料である水が不足し，萎れた状態で強い光が射し込めば，葉は光合成反応が進められないまま，光エネルギーの容赦ない攻撃を受け続けることになってしまう。低温の状態で強い光を当てるのも禁物である。低温では植物の生理活性が低下し，化学反応が遅くなるからだ（図2）。

　人工光型植物工場の場合，一般的に太陽光は栽培光源に用いない。植物栽培に適した無機的環境条件を閉鎖系内に整えて野菜生産を行う場合，気まぐれな太陽光は外乱的性質を帯びるからである。人工光型植物工場における人工光源は，自然環境下での太陽の代役を務めることが目的である。但し，この表現は太陽放射をそのまま人工光源で再現するものではないことに留意すべきである。電気という経済的負担を伴うエネルギーを，光エネルギーに変換して利用する際に，目

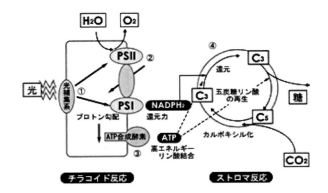

図1　光合成反応
文献2)より作図

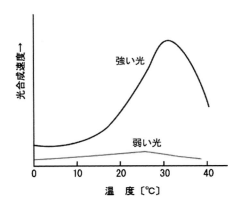

図2　温度・光と光合成速度
文献3)より作図

的とする植物生産に最大限の効果をもたらす光波長の組合せ検討が植物栽培用光源選定の重要な視座である。

　植物栽培を目的としたLED光源は，人間を対象とした一般照明と異なり，当然植物が対象であり，それが従来の照明開発にはない難しさをもたらしていることは，これまでの文脈からも自明である。解決には以下の三要素がバランスよく組み合わされる必要がある。

　① LEDデバイスを使いこなす電子応用機器開発ノウハウ
　② 植物の生理と生長メカニズムに関するノウハウ
　③ 照明工学に基づいた配光ノウハウ

　本節のまとめとして，植物工場用LED照明に求められる性能は，図3に示すように多様な要素技術が求められる。電気⇒光変換方式の効率だけでなく，照明としての器具効率や電源の効率も含めた総合効率を徹底的に向上させることが重要である点を強調しておきたい。

第6章　高付加価値高栄養・機能性野菜生産を可能にする植物工場用LED照明技術

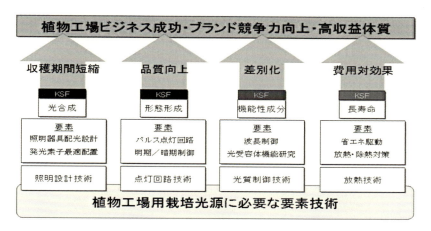

図3　植物工場用栽培光源に必要な要素技術

3　エネルギー効率の重要性

　人工光型植物工場は，収穫した野菜を販売することで収益を得ていると一般的に理解されているが，それは結果論である。野菜生産とは，栽培期間を通じた光合成反応の蓄積といえるので，人工光型植物工場は「電気」を販売する事業とも言えよう。

　筆者は以前北欧の「アイスランドは電気を輸出している」という話を聞いて驚いたことがある。アイスランドはグリーンランドの東，北極圏のすぐ南に位置している。同国が電力を輸出するには，欧州大陸まで送電線を張り巡らすことが必要だが，実際にその事実はない。アイスランドは火山を活用した地熱発電による電力が豊富で，それを有効利用してボーキサイトを精錬するアルミ産業の興隆に至った。ボーキサイトを精錬する電気炉は大量の電力を消費する。精錬されたアルミ地金は船積みされ，世界中に輸出されている。曰く，「アイスランドは電気を輸出している」という文脈となった。これは非常に興味深いロジックである。上述したように人工光型植物工場は「電気」を販売する事業と言えるので，植物工場事業者は，エネルギー効率の重要性を認識すべきである。エネルギー効率とは，広義には投入したエネルギーに対して回収（利用）できるエネルギーとの比をさす。人工光型植物工場において，栽培期間中に投入した積算電気エネルギーがどれだけ植物生産に貢献したかをエネルギー生産効率として次式で定義することができる。

　　　エネルギー生産効率 ＝ 単位期間あたり生産物熱量（J）／積算投入電力量（kWh）

　収穫した生産物のカロリーを測定し，それを熱量（J）に変換する。計量法によるカロリーの定義は，1 cal＝4.184 J である。電力量の kWh＝3.6 MJ なので，上式からエネルギー生産効率を容易に求めることが可能である。

　東日本大震災以降，我が国電力供給方式の8割以上は火力発電により賄われている。火力発電とは，炭化水素を有する燃料を燃焼（熱エネルギー）させ，発生した蒸気でタービンを回転（動

力エネルギー）させ，発電機により発電（電気エネルギー）する方式である．各エネルギー変換段階で損失が生じるため，炭化水素の持つ化学エネルギーのうち，電力エネルギーに変換されるのは，約40％台である．さらに，植物の葉に照射される光のうち，光合成によって糖を生成するとき，化学エネルギーに変換されるのは，葉に注がれた光エネルギーの僅かに1/100程度である（図4）．葉に当たり，光合成産物をより多く生産し得る栽培光源が植物工場には不可欠な存在なのである．

以下電気エネルギーから光エネルギーへの変換効率について，人工光型植物工場用栽培光源として主要な蛍光灯及びLEDに分けて解説する．

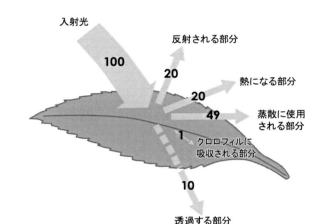

図4 入射光と光エネルギーの収支
文献4)より作図

3.1 蛍光ランプ

蛍光ランプは，低圧の水銀放電により紫外放射を得て，その紫外線によって励起された蛍光体の発光を利用している．白熱電球に比べて効率が高く，寿命が長い．蛍光体を使用するため，光色，演色性の設定が容易である．一方，安定器を必要とし，低圧放電であるため輝度が低く，大きな光束のランプが得にくい．また，特性が水銀の蒸気圧に依存するため，周囲温度により効率，始動特性が変わるのが短所である．間接照明より直接照明が好まれるわが国では最も広く使われている．一般の蛍光ランプは，周囲温度20～25℃で明るさが最大になるように設計されている．40Wの白色蛍光ランプの場合，ランプ電力が紫外放射（主に254 nmの紫外）に変換される割合は約60％と高いが，蛍光体により可視光に変換する際のエネルギー損失があり約25％のエネルギーが可視光として利用される．蛍光体により発光波長が規定されるため，栽培対象植物の生活環に合わせて光質をコントロールすることはできない．また，閉鎖型植物工場においては設置本数が莫大なため，蛍光ランプからの発熱が空調コストを押し上げる要因となっている．

第6章　高付加価値高栄養・機能性野菜生産を可能にする植物工場用 LED 照明技術

3.2　発光ダイオード（LED）

　輝度の高い青色 LED が 1994 年に開発されて，赤色（R），緑色（G），青色（B）の光の三原色が揃った。その後青色 LED や紫外 LED と蛍光体を組み合わせて一つの LED で白色光が得られるようになった。LED の特徴は，スペクトル（発光波長）の幅が狭く，目的の単色光を発光することができる，放熱が少ない，発光する光に赤外線成分が含まれていない，寿命は 4～5 万時間程度，ランプサイズが小さく設計の自由度が高い，植物に対し近接照射可能などである。電力を光に変える発光効率は，青色 LED は 40～50%，赤色は 50～60% で，緑色は 15～20% である[5]。

　このような特徴を活かして，植物栽培に LED を用いる試みはかなり以前から行われており，研究分野では徐々に普及が進んでいる。近年の普及事例として，光合成細菌，藻類，水産などの研究分野へと応用幅を拡大してきた。

　LED を栽培光源として使うことにより，植物にとって利用効率の低い波長エネルギーを含まず，生育に有効な波長の光だけを集中して照射することが可能である。さらに，植物の発芽，展葉，開花などといったいわゆる光形態形成も，各々ある特定の波長の光が関与していることが知られている。LED から照射される単色光（必要に応じてミックス）を植物の各生活環に最適な条件で与え，植物の形態形成を誘導するための光シグナルとして用い，小さなエネルギーで効率よく特定の植物生理機能や形態形成，器官分化を促すことも可能である。

4　放熱設計の巧拙が LED の寿命に与える影響

　人工光型植物工場の栽培光源は，数年前までは蛍光灯が主流を占めていた。最近では LED ランプの普及が加速している。LED は「省エネ」「長寿命」「熱を出さない」というイメージが持たれているが，照明士の資格を持つ筆者としては，誇大表現やミスリードに繋がる誤解を招く表現と感じている。電気エネルギーを 100% 光エネルギーに変換できないことは既に述べた。変換しきれなかったエネルギーはエネルギー保存の法則により，熱エネルギーとして存在していることを忘れてはならない。

　LED に熱対策が必要な根本的理由は，「熱流束」[6]によるものである。

　　温度上昇 = 電熱量（消費電力）× 熱抵抗

　消費電力が小さくても熱抵抗が大きいと温度上昇は大きくなる。例えば LED と LSI を熱流速（単位面積当たりの伝熱量）で比較すると，一般に LED の方が大きい。LED 本体は表 1 の通り小さなパッケージなので，熱抵抗が大きくなり，結果的に熱流速は大きくなる。

　次に LED の構造と放熱経路について解説する。LED 放熱設計上の特徴（難点）は，
- 素子は低消費電力だが，赤外放射がない分を熱エネルギーとして放出される。
- 素子が固体で覆われているため，放熱性は，その固体の熱伝導率に左右される。

- 部品表面積が小さいため，伝導・対流・放射面積が小さい。
- 部品表面に直接放熱部材（ヒートシンク）が取り付けられない。

つまり，LEDチップで生じた熱は，チップ→接着層→プリント配線板→ヒートシンク→環境（大気）という流れでバケツリレーのように移動する（図5）。

LEDランプの寿命はLEDチップ温度150℃で使用すれば寿命4万時間が期待できるが，チップ温度が170℃になると1万時間になり，185℃まで上がると1千時間（150℃使用時の1/40）にまで低下する。LEDの長寿命化は，ジャンクション温度が上がり過ぎないようにする為のさまざまな熱対策があってはじめて実現できるのである。

一般照明の用途であれば主に暗い時間帯に点灯するので，ランプの稼働時間は限られる。一方，多段式の栽培棚に多くの植物が密集して植えられている人工光型植物工場の栽培用LEDは12〜16時間程度点灯しており，ランプ周囲の気流速度が低いため，「空冷式」では十分な放熱効果が得られない。そこで筆者が試行錯誤の末に開発に成功したのが「水冷式」RGB植物栽培用LED照明を内蔵したユニット型栽培システムである（図6）。

大型のRGB3色LEDパッケージを金属ベース基板に実装し，水冷管を内蔵した特別なヒートシンクに取り付け，水冷管内に冷却水（水道水）を循環させる。LEDから生じる熱は，水冷管内の冷却水により素早くLEDライトの外部に移動させることができる。この結果，一般的な植物工場で利用されている疑似白色LEDランプの寿命より圧倒的な長寿命化を実現した。

表1 LEDとLSIの消費電力，チップ寸法が熱流束に与える影響

	消費電力	チップ寸法 縦	チップ寸法 横	チップ寸法 高さ	熱流速
LED	0.07 W	0.3 mm	0.3 mm	0.1 mm	240,000 W/m^2
LSI	10 W	10 mm	10 mm	10 mm	47,200 W/m^2

（伝導熱抵抗＝距離/(熱伝導率×面積)⇒ 面積が小さいと熱抵抗が大きくなる）

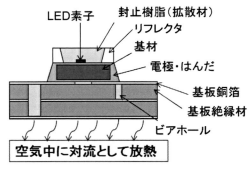

図5 LEDの放熱経路

第6章　高付加価値高栄養・機能性野菜生産を可能にする植物工場用LED照明技術

図6　「水冷式」RGB（赤青緑）植物栽培用LED
照明を内蔵したユニット型栽培システム

5　未病改善高栄養・高機能性野菜生産技術の実用化 （代謝産物生合成量制御）

　2017年10月筆者の主催する㈱キーストーンテクノロジーは，地元神奈川県より第34回神奈川県工業技術開発大賞ビジネス賞を受賞した。本賞は県内の中堅・中小企業が開発した優れた技術・製品を表彰する制度である。同社は，「未病改善高機能性野菜生産LED栽培システム」を発表し，ビジネス賞に選ばれた。神奈川県では「かながわ未病改善宣言」を提唱し，健康寿命延伸に取り組んでいる。医療費の公的負担を抑制するためにも健康増進効果が期待できる栄養素を豊富に含んだ高機能性野菜を季節や天候に関わりなく安定品質で周年供給する仕組みの社会実装が求められているのである。

　生物の代謝産物は大きく「一次代謝産物」と「二次代謝産物」に分けることができる。一次代謝産物とは，生体を維持するのに必須の物質群であり，各分類群に属する生物にとっては共通に存在するものである。蛋白質，炭水化物，脂質など高分子化合物及びアミノ酸，単糖類，脂肪酸等は，ほとんどの生物にとって欠くことのできないものである。これに対して，一次代謝系から派生してできたもので，生物にとって必ずしも必須とは目されないものが二次代謝産物と称されるものである。一次代謝産物は多くの生物にとって共通の化学成分であるのに対して，二次代謝産物はそれぞれの生物にとって固有の産物である点が根本的に異なる。いずれの代謝産物も人類にとっては重要な存在であるが，それぞれの利用のされ方には大きな差がある。人類は野菜や穀類などに含まれる一次代謝産物を栄養素として摂取しているのに対し，薬用として利用してきた植物の薬効成分はいずれも二次代謝産物である。植物の炭水化物の一部は，植物の二次代謝により機能性成分に変換される[7]。植物構成物質の質的変化である機能性成分への変換過程は，量的成長（栄養成長）である光合成反応とは植物生理学的メカニズムが大きく異なる。機能性成分への変換過程は，栄養成長から生殖成長への変換あるいは環境ストレスに対する植物の防御反応・形態形成作用であることが多い。植物は，約20万～100万種類の二次代謝産物を生合成すると

言われている。植物の二次代謝は，その生合成系，あるいは化合物の特性から，イソプレノイド系（テルペノイド），アルカロイド系，フェニルプロパノイド系に分類されており，それぞれ，約25,000種，約12,000種，約8,000種の二次代謝物の存在が明らかになっている。これらの生合成系は独立したものではなく，相互に入り組んでいる（図7）。

筆者は，電子工学，環境工学，エネルギー工学をベースに，植物生理学等の専門性を組み合わせ，植物生育の基本となる，光合成および光形態形成を制御できる複数波長を組み合せたLED栽培システムを開発した。植物栽培のための光源には，光合成および機能性成分生合成に有効なRGB独立調光型LEDを使用し，植物の成長段階毎に適時適切に制御できる。同社のオリジナル高機能性野菜栽培の研究成果から栽培条件を「レシピ化」し，未病改善に役立つ栄養素及び機能性成分の生合成量コントロールを実現している（図8）。

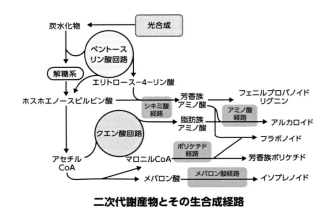

図7　二次代謝産物とその生合成経路

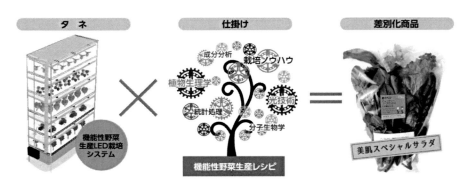

図8　高栄養機能性野菜生産を可能にする「栽培条件レシピ」

6 野菜摂取による健康増進と植物工場産野菜の特徴を活かしたニッチ市場創出の可能性

　世界一の平均寿命を誇り，国際的にも理想的といわれる食文化を持つ日本でも，肉類，油脂類の消費が増加する一方で野菜類の消費量は伸び悩み，野菜類を食べない傾向は若年層で顕著になっている。野菜類には，抗酸化作用，抗凝血作用，腸内環境改善作用，ガン予防作用など健康に有効な効果をもたらす成分が多く含まれている。日本人にとって，食物繊維，ビタミンA，C，E，K，葉酸，ミネラル類の鉄，カリウム，およびマグネシウムは，野菜類が一番の供給源である[8]。野菜類の摂取不足は，これらの栄養素が不足するだけでなく，野菜類に含まれる生理機能性成分が有効利用されない食生活となり，将来の生活習慣病の増加にもつながる。機能性表示食品制度の発足に伴い，野菜類も機能性表示食品として市販されるものが出てくることが予想されている。食品の機能性とは，人体に対する食品の作用や働きのことで三つの機能が定義されている[9]。

〈第一次機能：栄養機能〉
カロリー，タンパク質，脂肪，糖質，ビタミン等必要な栄養素を補給して生命を維持する機能。

〈第二次機能：嗜好・食感機能〉
色，味，香り，歯ごたえ，舌触りなど食べた時においしさを感じさせる機能。

〈第三次機能：健康性機能・生体調節機能〉
生体防御，体調リズムの調節，老化制御，疾患の防止，疾病の回復調節など生体を調節する機能。

　第三次機能の健康性機能は，人間の健康の維持と増進のための機能であり，昨今では安全性も問われている。衛生管理が行き届いた人工光型植物工場は安全性という点では他の生産方式に対して比較優位を持っている。その上で消費者が日々楽しく食べ続けるために必須の"おいしさ"と機能性の両立が求められることになる。筆者はこれまで予定調和を排したマーケティング手法を開発してきた。その一例が「味覚センサー」を用いた生産方式の違いが味わいと栄養成分に与える影響を定量評価したものである。リーフレタスを一般的な太陽光栽培，蛍光灯栽培，筆者のLED植物工場産の試験区間で味覚と栄養成分量を比較した（図9）。このようにデータを用いたマーケティング・PRは差別化戦略に不可欠である。

　植物工場＝レタス生産販売という予定調和に囚われて慣行農法産レタスをベンチマークした薄利多売型ビジネスでは日産数千株級の小規模工場で黒字化するのは困難であろう。単なる葉野菜の原体売りではなく，食品の三機能を充実させた新たな健康増進商材として，植物工場だからこそ実現できる付加価値を植物工場事業の成功に活用すべきである。

アグリフォトニクスⅢ

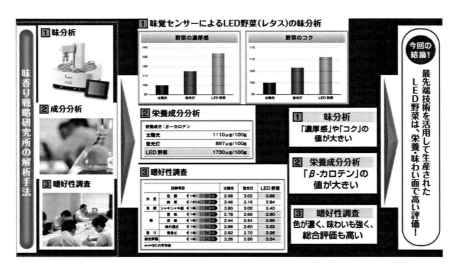

図9 味覚センサーによる生産方式の違いが味わいに与える影響比較

文　　　献

1) 平成29年度次世代施設園芸地域展開促進事業（全国推進事業）事業報告書，一般社団法人日本施設園芸協会（2018）
2) 鈴木祥弘，基礎生物学テキストシリーズ7植物生理学（化学同人），光合成の概要，p.46（2009）
3) 山本良一，櫻井直樹，絵とき植物生理入門（オーム社），光合成と代謝，p.191（2007），図1.2を改変。
4) 山本良一，櫻井直樹，絵とき植物生理学入門（オーム社），光合成と代謝，p.164（2007），図2.1を改変。
5) 天野浩，JST NEWS LED研究最前線（科学技術振興機構），独創的シーズ展開事業・委託開発（現・研究成果展開事業 A-STEP），p.7（2011）
6) 山根篤，表面技術誌　Vol.66, No.6, p.7（2015）
7) 日比野久美子，名古屋文理短期大学紀要第28号，p.7（2004）
8) 下橋淳子，駒沢女子大学研究紀要第22号，p.136（2015）
9) 原田勝寿，65巻6号，p.309（2016）

第7章　LED照明による成長促進効果を
最大限に引き出す技術

秋間和広[*]

1　はじめに

　人工光型植物工場では高度な環境制御を行うため，光源や空調機器，空気循環設備など電気機器を多用しており，一般的にランニングコストのうち光熱水道費が3割近くを占めている[1]。そのため，従来の植物栽培用光源として使用されてきた「蛍光灯」[2]から，LED照明に置き換えることで光源や空調機器にかかる電気代を削減し，生産効率を向上させようとするケースが近年増えてきている。しかし，単にLED照明に交換するだけでは生産効率向上の実現は難しく，『蛍光灯からLED照明に置き換えたら成長が悪くなった』，『収量が安定しなくなった』などの意見を聞くようになった。また，『LEDの波長（光質）は何が適するのか』，『成長促進，電力削減がどのくらい可能なのか』との質問を受ける機会が増えてきた。大規模施設園芸・植物工場実態調査・事例調査[1]では，人工光型植物工場の生産面における経営上の課題について，栽培技術の向上，収量の安定が課題視されていると述べられており，筆者自身，LED照明による成長促進効果が十分に活かされていない，利用可能な栽培技術にまで落とし込まれていないと感じることがある。また，LED照明は蛍光灯と比較して，規格が十分に統一されておらず，光出力も波長組成も多様な製品が存在し，玉石混交となっている。そのため，植物栽培にはどのLED照明を利用するかが重要となってくる。

　一方，大学や各種研究機関においては，光と植物に関する実験用光源としてLED照明が使用され，葉菜類においては栽培技術として利用できる基礎的知見が蓄積されてきている。赤色光，青色光，緑色光の単独照射や混合照射が成長に及ぼす影響[3~6]や，光質（波長）の異なるLED照明が無機成分や有用成分の蓄積に及ぼす影響[7~12]が明らかにされている。

　しかし，それらの研究成果が植物工場における生産現場に活かされる技術として十分に普及はされていないのが現状である。本稿では，植物工場における人工光源として期待度が高く，採用実績が伸びてきているLED照明が生産現場において寄与できる課題解決について紹介する。

＊　Kazuhiro Akima　シーシーエス㈱　光技術研究所　技術・研究開発部門
　　　　　光技術研究部　主査

2　植物栽培用 LED 照明による成長促進効果

植物の光合成に適した波長域の光[13]として赤色，青色 LED による栽培研究は，以前から試験的に行われてきた[14]。

現在では赤色，青色 LED を用いた光強度が高く実用的な植物栽培用 LED 照明が製品化されてきている。新設の植物工場では，赤色，青色を中心とした LED 照明で栽培が行われるようになってきており，葉菜類を中心にして実用生産栽培が行われている。

ここでは，植物栽培用に開発された高効率な LED 照明（Philips GreenPower LED Production module，以下 GPLED）を用いて，植物工場で多く栽培されているフリルレタスについて，実質的な生産レベル（80～100 g/株程度）における栽培結果を紹介する。

栽培試験はウレタンスポンジに播種し 6 日間発芽させ，14 日間育苗を行った。育苗光源には Hf 蛍光灯 32 W（昼白色）を用いた。その後の栽培光源には，光合成に適する赤色と青色を混合した GPLED 赤色/青色（以下 DR/B），赤色/青色に緑色を混合したように見える（視認性がよい）GPLED 赤色/白色（以下 DR/W），赤色/青色に遠赤色を混合した GPLED 赤色/青色/遠赤色（以下 DR/B/FR）の光質の異なる LED 照明および，高出力 Hf 蛍光灯 45 W（昼白色，以下蛍光灯）を用いて 16 日間栽培を行って収穫測定をした。照明時間は 16 時間明期（L）/8 時間暗期（D），温度 L 25±2℃/D 20±2℃，湿度 65±15％RH で育苗，栽培ともに行った。なお，LED 照明は蛍光灯を置き換えることを想定し，蛍光灯と同数設置する比較栽培実験とした。1 本あたりの消費電力は蛍光灯（安定器含む）：46 W に対して，GPLED は DR/B：32 W，DR/W：28 W，DR/B/FR：30 W であった。

どの光質の LED 照明でも蛍光灯と比較して葉の成長が促進された（図1）。特に遠赤色光（FR）

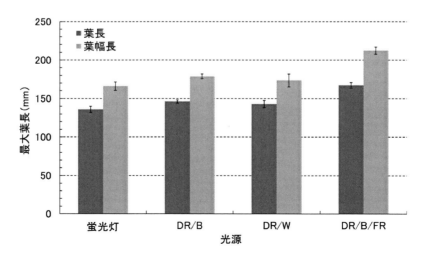

図1　フリルレタスの栽培期間における葉の成長に及ぼす光源の影響（n=5）
図中の垂線は標準誤差を示す。

第 7 章　LED 照明による成長促進効果を最大限に引き出す技術

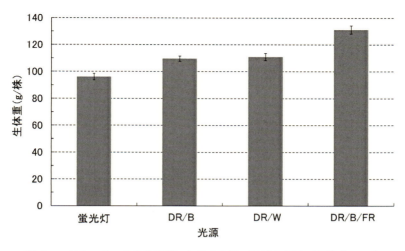

図 2　フリルレタスの栽培期間における成長に及ぼす光源の影響（n=54）
図中の垂線は標準誤差を示す。

を含む DR/B/FR のフリルレタスでは葉長および葉幅長が伸長し，明らかに大きく広がり形状が変化した。その結果，DR/B/FR で最も成長促進され，著しく生体重の増加効果がみられた（図2）。

遠赤色光付加照射によりレタスの生育が促進することは示されており[15,16]，本稿の結果では遠赤色光により葉が伸長拡大した結果，光合成の促進につながったものと考えられる。

光合成に適する赤色／青色を基準として，赤色／青色／遠赤色（遠赤色付加）を用いることにより葉の形状が変化するため，目的に合わせて LED の光質を選択することで草姿の調整が可能であり，今回の栽培試験では葉が広がることで成長が促進される結果となった。

LED 照明による成長効率を評価するために，それぞれの光源において，光源の消費電力より，消費電力量あたりの成長量を求めた。すなわち，収穫時の生体重を光源の消費電力量（栽培期間中）で割り消費電力量あたりの成長効率を計算して比較した。蛍光灯（100％）と比較して，LED 照明では DR/B では 164％，DR/W では 190％，DR/B/FR では 210％となり，明らかに成長効率が高くなった（図3）。当初実験した LED 照明は，現在最新機種に置き換わっており光強度（以下 PPFD）は変わらず消費電力は削減されている。それを元に再計算すると，蛍光灯（100％）と比較した成長効率は，LED 照明では DR/B（23 W）で 228％，DR/W（24 W）で 221％，DR/B/FR（23 W）で 273％となり，消費電力の面から考えても明らかに LED 照明による成長促進効果が高まっていることが言える。しかし，DR/B/FR では照明がピンク色となり植物の葉色が黒色に見えてしまうため，日本の植物工場では作業性の観点から，成長促進効果が同様に認められる。DR/W（赤色／白色）に FR（遠赤色）を混合した DR/W/FR（赤色／白色／遠赤色）が多く使用されている。

このように GPLED は明らかに効率よく栽培できる光源であり，蛍光灯と比較して DR/B/FR（DR/W/FR）は，消費電力量あたり 2 倍以上の成長効率で栽培可能なことが明らかとなった。

アグリフォトニクスⅢ

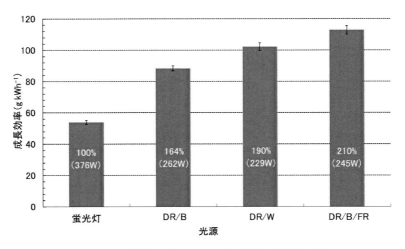

図3 フリルレタスの栽培期間中における成長効率（消費電力量あたり）に
及ぼす光源の影響（n=54）
図中の垂線は標準誤差を示す。％は蛍光灯に対する割合を示す。
（　）は，それぞれの光源における消費電力（54株分）を示す。

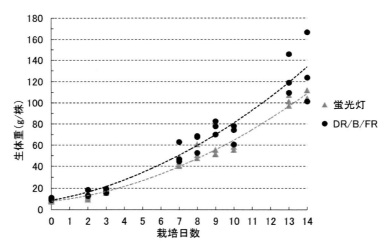

図4 フリルレタスの栽培期間における成長に及ぼす蛍光灯とLED照明
（PPFD：150 $\mu mol\, m^{-2}\, s^{-1}$）の比較（n=3）

　次に，蛍光灯とLED照明によるフリルレタスの成長曲線を見ると（図4），定植後2-3日目から LED 照明では成長が促進され，従来の蛍光灯での栽培日数では100gを大きく超えた株が収穫できるようになった。蛍光灯と同程度の株重で収穫すると，LED 照明ではおよそ3日栽培日数を短縮できることとなる。例えば，フリルレタス日産2,000株工場の場合，栽培日数を3日短縮（14日を11日に短縮）できると仮定すると，空いたスペースでの増産が可能となり日産545

第 7 章　LED 照明による成長促進効果を最大限に引き出す技術

株増（約 3 割増）となり，1 株 100 円とすると年間約 2,000 万円の売上増加となることが試算できる。栽培期間（11/14 日）に必要な照明の消費電力量についても，約 78%（約 2 割削減）となり，電気料金の削減も可能となる。

3　成長促進の結果発生する生理障害（チップバーン）の問題

前述のように葉菜類の栽培では，LED 照明を用いると蛍光灯と比較して成長が著しく促進されるため，生理障害であるチップバーンが発生し問題になることがある。チップバーンの発生を抑制するためには照明の点灯時間短縮や PPFD を弱めることにより，成長速度を抑えて調整しているが，完全に回避できていないのが現状である。既にチップバーンの発生原因は，障害部位において成長に必要なカルシウムが欠乏することであると知られている[17]。そこで LED 照明に適した培養液処方を目指して，チップバーンの発生と培養液中無機成分に関する研究を行った。

葉菜類の中でチップバーンが発生しやすいサンチュ（青葉種）を用い，ウレタンスポンジに播種し 4 日間発芽させ，蛍光灯下で 12 日間育苗（光源（150 μmol m^{-2} s^{-1}）：16 時間明期（L）/8 時間暗期（D），温度：L 24±2℃/D 22±2℃，湿度：60±10%RH）を行った。その後，2 種の GPLED DR/B，DR/B/FR および，蛍光灯により 14 日間栽培（光源（220-280 μmol m^{-2} s^{-1}）：16 時間明期（L）/8 時間暗期（D），温度：L 24±2℃/D 22±2℃，湿度：60±10%RH）を行った。大塚ハウス A 処方を基準処方として，カルシウム濃度を 2 倍とし，カリウム濃度を 1/4，1/6，1/8 倍にしたそれぞれのカリウム低減処方（以下 1/4 K，1/6 K，1/8 K 処方）を用いて，チップバーンの抑制効果を検討した。

培養液の分析は ICP を用いて行い，培養液中無機成分濃度を定期的に測定した。チップバーンの発生程度の指標としては，なし，軽度：葉の先端が黒く変色，中度：内部の葉の先端が黒くなり丸まる，重度：中心の葉が黒くなり詰まるの，4 段階として評価を行った。なお，中度・重度チップバーンは，生産物を出荷物として許容できない程度の発生状況である。

基準処方を用いると LED 照明では蛍光灯と比較して生体重は増加したが，チップバーンの発生程度も増加した。そのときの培養液中無機成分濃度を調べたところ，カルシウム濃度は蛍光灯ではほぼ横這いに推移したのに対して，LED 照明では栽培後期に濃度が上昇する傾向を示した。一方，カリウム濃度は栽培後期ほど低下し，蛍光灯と比較して LED 照明では濃度低下が大きくなることが判明した（図 5）。培養液組成の乱れに起因する生理障害について，肥料成分の拮抗作用が生じやすいこと，葉菜類のチップバーンは培養液中のカリウム濃度が高いことで発生を助長することが述べられている[18]。本栽培試験では培養液中のカリウムの吸収が高まり，その結果としてカルシウムの吸収が抑制され，蛍光灯よりも LED 照明ではチップバーンの発生が助長されていると予想された。

そこで，カルシウムの吸収を促進することを狙ったカリウム低減処方で栽培し，チップバーンの発生状況をみると，カリウム濃度が低い処方ほどチップバーン発生の抑制効果は高くなった

73

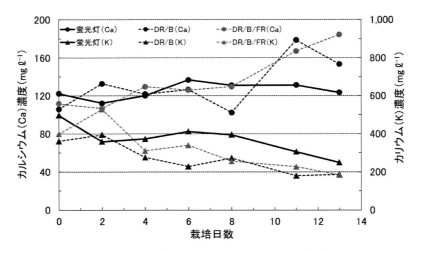

図5 サンチュの栽培期間における光源の違いがA処方による
培養液中カルシウムおよびカリウム濃度に及ぼす影響

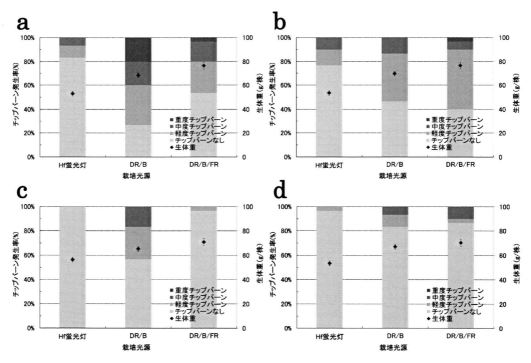

図6 栽培期間における光源および培養液処方の違いがサンチュのチップバーン発生程度と
生体重に及ぼす影響（n=21）
a：基準処方，b：1/4K処方，c：1/6K処方，d：1/8K処方
図中の垂線は標準誤差を示す。

第 7 章　LED 照明による成長促進効果を最大限に引き出す技術

（図 6）。しかし，1/8 K 処方では生体重が減少し，下位葉にはカリウム欠乏症状が発生した。基準処方と比較して 1/6 K 処方の時，チップバーン抑制効果が高く，DR/B/FR による成長促進環境下においてもカリウム低減処方では中度・重度チップバーンの発生率をおよそ 10％以内に低下させることが可能であった。

　生体重は 1/6 K 処方のとき基準処方と比較してやや低くなったが，LED 照明による成長促進効果は十分に得られており，蛍光灯よりも生体重が増加した。カリウム低減培養液処方によるチップバーン抑制効果はシュンギクでも示されており [19]，葉菜類においては一定の抑制効果が期待できると予想される。

　この試験条件では 1/6 K 処方によりチップバーンの抑制効果が高かったが，植物工場により培養液量，栽培株数，栽培品種が異なるため，抑制効果は多少変動することが考えられる。チップバーンの抑制には，1/6 K 処方における培養液中カリウム濃度が重要なのではなく，チップバーンの発生に影響しているカルシウム吸収量が重要であり，それがカリウム吸収量により影響を受けていると考えられるからである。培養液中のカリウム濃度とカルシウム濃度のバランスを見ながら調整することが必要である。

4　LED 照明による栽培に適した培養液処方の開発

　前述の実験は，1 回の栽培実験ごとに培養液を交換して栽培を行った結果である。実際の植物工場栽培では，毎日の収穫に対して毎回培養液交換をすることは現実的ではない。平均的には月に 1 回程度，部分的に培養液交換しているところが多いのではないかと思う。しかし，蛍光灯から LED 照明にしたことで，成長を安定させるために培養液の交換頻度が増えたという意見を聞くようになった。LED 照明にしたことで成長促進されて培養液の吸収が変化していることが推察された。

　実際に LED 照明を使用している植物工場栽培の培養液の成分濃度を調べてみると，図 7 のように変動していることが分かった。培養液交換を行わずに栽培を続けると，EC，pH は設定値に制御されているが 1 ヶ月の間に急激に増加または減少する成分があり，それぞれが成長に対して影響していることは容易に想像がつく状態であった。培養液が繰り返し循環される養液栽培では，それぞれの肥料成分が成長に対して不足または過剰となり，成長を抑制する可能性が考えられた。

　図 8 は，実験的に長期間培養液交換を行わずに栽培実験した時の定植時の苗の重量と，収穫時の収穫物の重量を見たものである。苗，収穫物ともに増減が大きく変動しており，最大の重量に対して最小の重量は半分に低下することがわかる。重量（収量）が半分になるということは収益が半分となり，安定しないことを意味する。肥料制御は管理機により EC，pH は設定値に制御されており，環境条件も大きく変動はしていないが，重量変動が起こっているのが実情である。植物工場にとっては死活問題である。

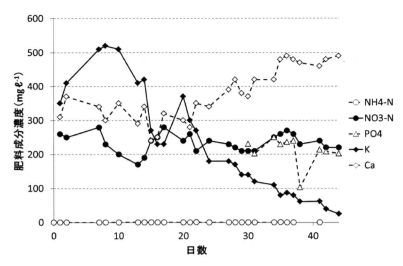

図7 標準培養液を使用した際の培養液中の肥料成分濃度変動
(EC, pH は一定に制御し, フリルレタスを栽培)
アンモニウム態窒素（NH$_4$-N），硝酸態窒素（NO$_3$-N），リン酸
（PO$_4$），カリウム（K），カルシウム（Ca）を示す。

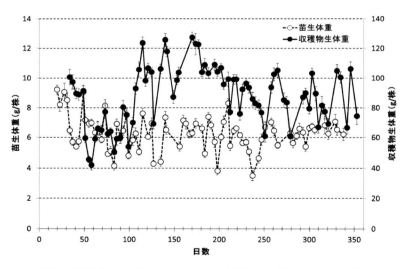

図8 培養液を連続使用した際のフリルレタスの重量変動（苗：n=24, 収穫物：n=9）

そこで，現状制御できていない培養液の成分について，成長への影響を調べるため以下のように仮説を立てた。成長量の減少に対して，①同じように減少している肥料成分，②逆に増加している肥料成分，③増加も減少もしない肥料成分に分けて，①，②について成長に影響していると考え，成長量と肥料成分の関係性を調査した。EC, pH については自動制御を行い，設定値を外

第7章　LED照明による成長促進効果を最大限に引き出す技術

れないようにした。

　結果，カリウム濃度と収穫時の生体重との関係を見ると，培養液中カリウム濃度の減少により，生体重は減少していることが明らかとなった（図9）。途中（56日）で培養液交換を行い，カリウム濃度が増加すると生体重も増加に転じた。その後カリウム濃度を一定以上に維持するように培養液を管理すると，生体重の極端な減少はなくなり，重量を安定させることが可能であり，カリウムが成長に及ぼす影響が強いことがわかった。

　一方で，カリウム濃度を高くすることは，チップバーンの発生を増加させることを前述している。そこで培養液中のカリウム濃度とカルシウム濃度の関係性を調べてみると図10のような変動をしていることが分かった。カリウム濃度が減少するとカルシウム濃度が増加し，途中（56日）の培養液交換によりカリウム濃度を増加させてカルシウム濃度を調整すると，カリウム濃度とカルシウム濃度が逆転して明らかに拮抗作用があるように見られた。前述したチップバーンの発生が培養液中のカリウム濃度の影響を受けており，カルシウム濃度の変動によりチップバーンが発生している可能性があることの裏付けデータとなった。

　しかし，カリウムとカルシウムの成分濃度を調整した処方（76日）に修正することで，その後はそれぞれの濃度が大きく増減することなく一定の状態を維持することが可能であった。植物工場における培養液の継続使用では，カルシウムやマグネシウム，硫酸濃度が増加し，蓄積することが述べられている[20,21)]。植物の吸収濃度に応じた培養液組成に修正することで培養液を安定化させる試みが行われている。

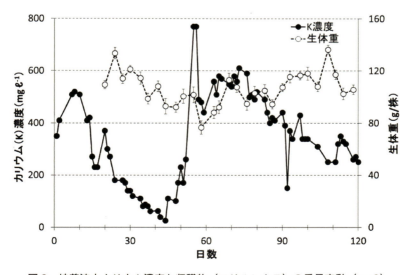

図9　培養液中カリウム濃度と収穫物（フリルレタス）の重量変動（n＝9）
44日からカリウム不足分を毎日添加し，56日に培養液交換を実施しカリウム調整処方に変更した。

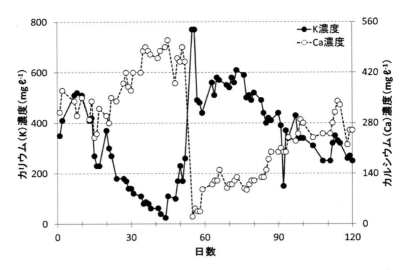

図10 培養液中カリウム濃度とカルシウム濃度の変動（フリルレタスを栽培）
44日からカリウム不足分を毎日添加し，56日に培養液交換を実施し，56,
76日にカリウム，カルシウムを調整した培養液処方に変更した。

　我々もこれらの結果を受けて，現在LED照明に適した吸収量に合わせた培養液処方を開発し，LED照明の利用者に培養液処方を提供するための栽培試験を続けている。その他の肥料成分についても濃度が増加または，減少することで，成長に何らかの影響を与えていることがわかってきた。それらの成分を調整した結果，頻繁に培養液交換をしなくても培養液変動は少なくなり，LED照明による栽培においても安定化できるようになってきている。収量の減少が抑制され，安定栽培へ近づけることが可能となる。さらに，LED照明により吸収が促進される成分を強化することでさらに収量が増加するような培養液処方の開発を目指している。これにより，LED照明を使用することで栽培が好ましくなくなったユーザーへ少しでも貢献ができればと考えている。

5　おわりに

　一連のLED照明を用いた栽培実験の結果から，光環境に合わせて水環境（培養液）を調整することが重要であることがわかった。
　光環境はLED照明に交換することでかなり改善され，空気環境は各社の空調制御技術の発展によりばらつきが少なく制御できるようになってきている。最後に残された水環境（培養液）は，EC，pH制御のみに任されており，肥料成分の調整は手つかずの状態である。本実験内容から，光および空気環境が改善された現状において，いかに水環境の制御が重要であるかがご理解いただけたのではないかと思う。

第7章　LED照明による成長促進効果を最大限に引き出す技術

　従来，太陽光や蛍光灯のように全波長を含む光における植物栽培に使用されてきた培養液処方は，植物の光合成に特化した赤色／青色主体のLED照明には合わなくなってきていると考えられる。LED照明による成長促進効果を最大限に引き出すには，光環境だけでなくそれに合わせた複合的な栽培環境の改善が必要であり，特に水環境の改善は今後必要不可欠なものになると考えられる。また，培養液の廃棄を考えると容易に培養液交換ができなくなる可能性も出てくると考えられる。長期間継続使用しても成分濃度が安定し，その結果収量が安定する培養液処方の開発が望まれてくると思われる。今後の培養液管理が光環境に合わせて行われることを願って，本内容を参考にしていただけたら幸いである。

文　　　献

1)　平成29年度 次世代施設園芸地域展開促進事業（全国推事業進事業）事業報告書（別冊1）全国実態調査・事例調査，p25-26，27，一般社団法人日本施設園芸協会（2018）
2)　高辻正基，植物工場ハンドブック，p35-43，東海大学出版会（1997）
3)　淨閑正史ら，日本生物環境工学会2010年京都大会講演要旨，12-13（2010）
4)　庄司和博ら，日本生物環境工学会2010年京都大会講演要旨，2-3（2010）
5)　淨閑正史ら，日本生物環境工学会2010年京都大会講演要旨，262-263（2010）
6)　大嶋泰平ら，日本生物環境工学会2011年札幌大会講演要旨，294-295（2011）
7)　庄子和博ら，日本生物環境工学会2011年札幌大会講演要旨，152-153（2011）
8)　北崎一義ら，日本生物環境工学会2011年札幌大会講演要旨，154-155（2011）
9)　庄子和博ら，日本生物環境工学会2012年東京大会講演要旨，42-43（2012）
10)　北崎一義ら，日本生物環境工学会2012年東京大会講演要旨，106-107（2012）
11)　北崎一義ら，日本生物環境工学会2012年東京大会講演要旨，338-339（2012）
12)　庄司和博，日本生物環境工学会2013年高松大会講演要旨，332-333（2013）
13)　J. C. Sager, W. O. Smith, J. L. Edwards and K. L. Cyr, *American Society of Agricultural Engineers*, **31**（6），1882-1889（1988）
14)　K. Okamoto, T. Yanagi and S. Takita, *Acta Horticulture*, **440**，111-116（1996）
15)　村上克介ら，生物環境調節，**30**（1），23-28（1992）
16)　Shuyang Zhen, Marc W. van Iersel, *Journal of Plant Physiology*, **209**，115-122（2017）
17)　池田英男，野菜園芸大百科第2版第14巻，p296-299，社団法人農山漁村文化協会（2004）
18)　岡部邦夫，野菜園芸大百科第2版第22巻，p68-71，社団法人農山漁村文化協会（2004）
19)　吉田英生ら，園芸学研究，**14**（1），175（2015）
20)　岡本章秀ら，園芸学研究，**12**（別1），402（2013）
21)　和田光生ら，日本生物環境工学会2015年宮崎大会講演要旨，156-157（2015）

植物栽培ランプと高輝度放電灯 編

第8章　植物栽培ランプ

八谷佳明*

1　はじめに

農業分野では，農業就労者数の減少による食料自給率の低下，農薬散布による自然環境・人体への影響のみならず，薬害抵抗性病害虫の出現や天候不順による収量の不安定化など，様々な問題に直面しており，市場における食の安全性と安定供給への要求はますます高まっている。

これらの要求に答えるべく，パナソニックでは2008年より，主に植物工場（太陽光利用型，完全人工光型）に人工の光エネルギーを活用した植物栽培ランプ（病害抑制，害虫抑制，植物育成）を開発・販売している。

本章では，紫外線ランプを中心に，一般照明分野のみならず，農業分野においてもLED化が進む中での植物栽培ランプに関する商品や取り組みを紹介する。

2　栽培中の植物への紫外線照射により病害を抑制するランプ 「UV-B 電球形蛍光灯反射傘セット」

昨今，イチゴをはじめとする施設栽培の農業現場において，うどんこ病の抑制には大変苦慮されている。パナソニックでは，地表に降り注ぐ太陽光紫外線の一部であるUV-Bが病害抵抗性を誘導することに注目し，主としてイチゴうどんこ病の抑制技術を確立，直管形蛍光灯を利用した病害抑制ランプ「タフナレイ」（図1）を開発した。UV-Bによる病害抵抗性遺伝子の発現が，実際のイチゴうどんこ病の抑制に効果があることは既に確認され[1,2]，「タフナレイ」は農業新技術2010に選定された[3]。

このUV-Bによる病害抑制技術を継承し，イチゴをはじめとする施設栽培現場への更なる普及を目指して，低価格（「タフナレイ」の約半額で導入可能）でE26口金に取り付け可能な「UV-B 電球形蛍光灯反射傘セット[4]」（以下，UV-B電球）を2014年8月に商品化した。

図2に示すように，UV-B電球には，UV-B発光管を共通にして，2つの異なる反射傘のタイプがある。図2の左側（SPWFD24UB1PA）は，UV-Bを集光することで距離の離れた植物，又はUV-B強度を高めたい場合に，同図の右側（SPWFD24UB1PB）は，UV-Bを距離の近い植物や，横方向への広がりを持たせたい場合に使用する。例えば，イチゴの場合，

＊　Yoshiaki Hachiya　パナソニック㈱　コネクティッドソリューションズ社
　　　　　　　　　　　アグリ事業SBU　企画部　事業企画課　課長

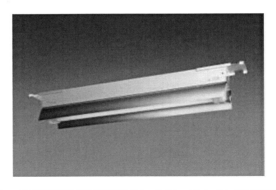

図1 直管形蛍光灯病害抑制ランプ「タフナレイ」（生産終了）

SPWFD24UB1PA

SPWFD24UB1PB

図2 電球形蛍光灯病害抑制ランプ「UV-B電球形蛍光灯反射傘セット」

品番	希望小売価格（税抜）（円）	御注文品番	POSコード	納期区分	標準梱包	寸法(mm) ランプ外径	寸法(mm) ランプ長さ	質量(g)	口金	周波数(Hz)	定格電圧(V)	定格電流(A)	定格消費電力(W)	紫外線強度維持率(%)	寿命（平均値）(h)
SPWFD24UB1PA	オープン価格*	SPWFD24UB1PA	4549077208507	△（受注生産商品）	6セット×1	61.4	153	223	E26	50/60併用	100	0.38	24	60<	4500
SPWFD24UB1PB	オープン価格*	SPWFD24UB1PB	4549077360786	△（受注生産商品）	6セット×1	61.4	153	223	E26	50/60併用	100	0.38	24	60<	4500

● 製品の定格およびデザインは改善等のため予告無く変更する場合があります。
● ご使用の際、包装箱に入っている「取扱い上のご注意」をよくお読みの上、正しくお使いください。
＊オープン価格の商品は希望小売価格を定めていません。
＊寿命（平均値）は紫外線量に基づき設定しており、保証値ではありません。

ご注意
● 照射光は紫外線となります。一般照明などの用途には絶対にご使用にならないでください。
● 眼に障害のおそれがあります。ランプを直視しないでください。
● 皮膚に障害のおそれがあります。光を皮膚にさらさないでください。

図3 UV-B電球形蛍光灯反射傘セット（特性表）

SPWFD24UB1PAは土耕栽培ハウスに，SPWFD24UB1PBは高設栽培ハウスに設置導入されることが多い。図3に特性表を示す。

2.1 UV-B電球による病害抑制について

栽培中の植物へのUV-B照射により，うどんこ病，白さび病等の糸状菌に起因する病害への抑制効果が良く知られている[5]。UV-B照射による病害抑制効果は，図4に示すイチゴのうどん

第8章　植物栽培ランプ

こ病抑制に見られるような植物自体の免疫機能を高めることによる効果と，図5に示すキクの白さび病抑制に見られるような病原菌の菌糸伸長を抑制する効果があり，これらの効果の高低はUV-B照射量によるものと考える。図6は，現在までに，UV-B電球により病害抑制効果が確認されている植物とその対象病害，及び目安となる照射条件を表し，植物の病害抑制に必要なUV-B照射条件は，植物によって異なる。植物の病害抑制に必要なUV-B照射条件は，UV-B照射量（UV-B強度とUV-B照射時間の積）として考える。但し，UV-B照射時間の短縮を目的に，過度なUV-B強度を植物に照射することは，植物に障害を及ぼす可能性があるので注意が必要である。

　UV-B電球による植物へのUV-B強度は，UV-B電球同士の距離（列幅，ピッチ）と，図7に示す高さ（UV-B電球の口金下部から畝面，又はベッド面までの距離）によって決まる。UV-B照射時間は，UV-B電球の短寿命防止のために連続点灯30分以上で設定する。

　UV-B強度が強過ぎる場合，植物によっては葉やけ等を伴うこともあるため，植物毎に病害抑制に必要なUV-B照射量の調査・確認が必要である。特に，植物の成長に伴って，UV-B電球に近づくこととなる草丈伸長植物については十分な調査・確認が必要である。

　逆に，UV-B強度が弱過ぎる場合，期待する病害抑制効果が低くなる（又は得られなくなる）ことがある。この場合，UV-B電球（蛍光灯）の寿命末期におけるUV-B強度の減衰による病

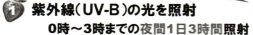
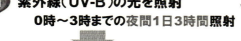
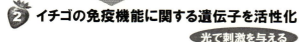

図4　UV-B照射によるイチゴのうどんこ病の抑制
免疫機能を向上

アグリフォトニクスⅢ

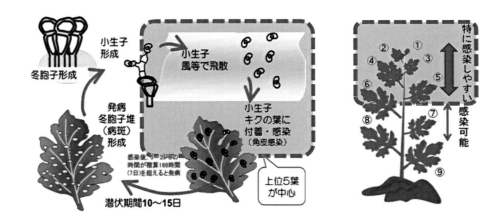

○小生子の葉への付着・感染時の菌糸伸長を抑制（特に上位五葉で）
○母株・育苗圃場で、低UV-B強度で長時間（朝6時終了とし、4～6時間）

図5　UV-B照射によるキクの白さび病の抑制
小生子の菌糸伸長を抑制

植物	イチゴ	パセリ	レタス	トマト苗・キュウリ苗	菊（母株）	トマト	バラ	カーネーション
対象病害	うどんこ病	うどんこ病	うどんこ病	うどんこ病	白さび病	うどんこ病	うどんこ病	ハダニ
UV-B強度（目安の値）[μW/cm²]	苗場：10～30 本圃：2～20	10～20	2～7	2～7	2～7	2～7	5～15	5～15
照射時間（時間帯の目安）	夜間3時間（午前0～3時）	夜間3時間（午前0～3時）	夜間3時間（午前0～3時）	夜間3時間（午前0～3時）	夜間4～6時間（午前6時を消灯とする）	夜間3時間（午前0～3時）	夜間3時間（午前0～3時）	夜間3時間（午前0～3時）

図6　UV-B照射による病害抑制効果が確認されている植物とその対象病害

（注意①）UV-B強度は目安の値（測定器：Gigahertz社製　X1-1）であり，照射時間の短縮を含め，気候・栽培環境により調整が必要となる場合があります。
（注意②）トマト，バラ，カーネーションは草丈伸長植物のため，照射方法について注意が必要です。

害効果の低減も懸念される。

　以上のことから，UV-B電球は，主に成長に伴う大きな草丈伸長が少ない（又はない）植物を対象に，UV-B強度が，図6で示す目安となる値の範囲において，やや強めとなる設置条件（UV-B電球の設置高さとUV-B電球同士の距離）で設置し，UV-B照射時間を調整することを推奨する。そして，UV-B電球の寿命（累積点灯時間4,500時間，平均値）毎に，定期的な交換をお願いする。

第8章　植物栽培ランプ

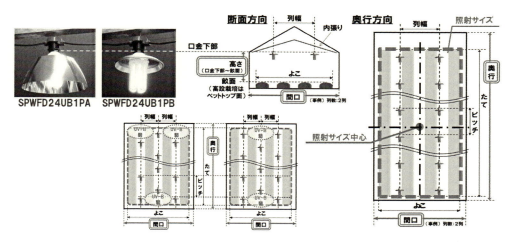

図7　設置に必要な圃場の情報
二重線で囲む部位

2.2　UV-B電球の設置導入実績のある植物について

　現在，UV-B電球は，全国の都道府県において，イチゴをはじめとする施設栽培の農業現場に広く導入が進んでおり，高いうどんこ病抑制効果を発揮している。福島県農業総合センター　作物園芸部野菜科のホームページにおいて，農林水産省「食料生産地域再生のための先端技術展開事業（先端プロ事業）」の課題として実施した試験成果が掲載されており，UV-B照射を併用することにより，化学合成農薬の使用回数を半減させても慣行防除と同等の抑制効果が認められたとの報告がある（図8)[6]。宮城県ホームページにおいても，農林水産省「食料生産地域再生のための先端技術展開事業」施設園芸栽培の省力化・高品質化実証研究に関する成果が掲載されており，高いうどんこ病抑制効果が認められたとの報告がある[7]。

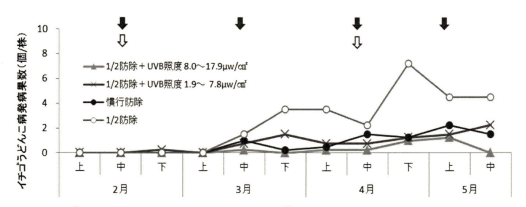

図8　イチゴ本圃収穫期におけるUV-B照射と化学合成農薬の併用防除によるイチゴうどんこ病発病果数

87

アグリフォトニクスⅢ

　これらの結果から，実際のイチゴ栽培において年間に約10～20回の農薬散布を行うが，それでもイチゴうどんこ病の発病果率は10～20％程度に達することもあるという農業現場の現状に対して，UV-B電球によるイチゴのうどんこ病抑制を起点として，化学合成農薬の使用を削減し，環境負荷を低減できる可能性を示唆すると同時に，世界的な課題となっている病害虫の薬害抵抗性獲得への一助となる可能性も示唆しているものと考える。

　既に，施設栽培の農業現場に設置導入され，UV-B照射による病害抑制効果の実績のある植物として，イチゴ（苗場，本圃），キク（母株），パセリ[8]，トマト苗・きゅうり苗[9]，レタスがある。これらの植物のUV-B電球設置条件は，図9に示す手順に従い，パナソニック ライティングデバイスのホームページ[10]に掲載されているファイルをダウンロードし，図5の圃場情報をもとに簡単に求めることができる。

2.3　草丈伸長植物へのUV-B照射について

　トマトのような成長に伴って草丈が大きく伸長する植物へのUV-B照射については，十分な調査・確認が必要であることは先に述べた。これは，UV-B強度が距離の二乗に反比例するからである。兵庫県立農林水産技術総合センター　ホームページにおいて，UV-B電球によるトマトへのUV-B照射によるトマト果実の品質向上とうどんこ病抑制効果が報告される一方で，普及上の注意事項として，葉への障害を与える場合があるとも報告されている[11]。

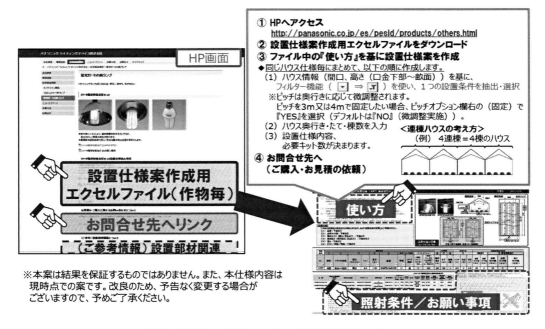

図9　実績のある作物のUV-B電球設置条件の求め方

第8章　植物栽培ランプ

このように，草丈伸長植物へのUV-B照射方法には，植物全体に対するUV-B強度ムラ（強弱の幅）を低減させる工夫が必要である。鋼鈑商事㈱では，UV-B電球のUV-B発光管を用い，草丈伸長植物の横からUV-B照射する「UV-B（紫外線）拡散反射装置」を開発されている[12]。これにより，UV-B照射が可能となる植物の種類も拡大するものと考える。

2.4　UV-B電球によるその他の効果について

UV-B電球による効果は，病害抑制効果以外においても広がりつつある。

例えば，UV-B照射によるハダニ等の害虫の増殖抑制効果についての報告がある[13,14]。更にこのことを受けて，UV-B電球と反射資材を組合せることで，イチゴの施設栽培におけるうどんこ病とハダニを同時に抑制するUV法の開発が進められている[15]。

また，平成27年度　栃木県下都賀地区にて実施された，UV-B電球によるイチゴのうどんこ病抑制試験に関する実績展示ほ実績書において，チップバーンの発生が約半分に抑えられたと報告されている。このことは，植物の早成技術関連への利用の可能性も示唆するものと考える。

このように，UV-B（又はUV-Bを含む光）と植物や病害虫との関係には，まだまだ解明すべき点が多くあり，今後も新たな効果が見出されるものと考える。

3　植物栽培ランプに関するその他の取り組み

パナソニックでは，上記以外にも植物栽培ランプに関する取り組みをしている。その取り組みについて，いくつか紹介させて頂く。

3.1　苗栽培に関する取り組み（紫外線付加Hf蛍光灯）

農業分野における植物栽培用ランプのLED化が進む中で，今まで気づくこともその必要性もなかった新たな課題が表面化してきている。その中で，とても重要且つ深刻な課題に，植物の根幹となる育苗における課題がある。これは，葉物野菜の植物工場と同様の経営・経済的視点から，育苗においても多用されていたHf蛍光灯のLED化により表面化した現象で，野菜苗（特にトマト苗）の育苗中において，図10に示すような葉に突起物（こぶ）が斑点状に現れる課題（葉こぶ症）である。発生した苗はその後の生育に支障を来すため，被害の拡大防止には，育苗の段階で食い止める必要がある。

LEDランプにおいて多発していたこともあり，紫外線の不足（紫外線無）が原因と考えられ，育苗の光源に，従来のHf蛍光灯に紫外線を付加した特殊なHf蛍光灯を併用することにより，優位に葉こぶ症を抑制したと報告された[16]。

図10　トマトの育苗における課題

3.2　植物の栽培期間の短縮に貢献するランプ「植物工場用LEDランプ」

完全人工光型植物工場において，省エネルギー，栽培効率向上等の観点から，植物栽培に使用するランプのLED化が進んできている。パナソニックでは自社植物工場における野菜栽培を通して，以下の特長を有する植物工場用LEDランプを新たに自社開発した（図11）。

　①　レタス類の生育速度を高めるための発光波長分布を持つ専用LEDパッケージの搭載
　②　赤色光と青色光を個別に調光ができる回路構成（別途対応する電源必要）
　③　熱源となる駆動電源をランプ外に出す外部給電方式

従来から使用してきたLEDと新開発のLEDランプを同一環境下で，フリルレタス栽培の比較を実施した結果，新開発LEDランプにおいて，収穫時の平均重量が約15％（当社比）と優位に増量した。この結果は，植物の生育速度を高め，栽培期間を短縮することを示唆している。今後，パナソニックの植物工場システムを導入頂くお客様を中心に提供させて頂くと共に，自社プラントでの実証検討も積み上げ，栽培品種毎の照射パターンや調光量等を最適レシピとして提供する取り組みを進めていく。

3.3　きのこ栽培に関する取り組み（LDモジュール）

白色蛍光灯が多用されているきのこ栽培において，微弱な青色光があれば良いことが報告された[17]。これにより，きのこ栽培において，消費電力削減可能なLEDが使用されつつある。

更なる低消費電力化を目的に，図12に示すLDモジュール（ブルーレイディスク記録再生用のレーザーダイオード（LD）の技術を活用）を用い，長野県の試験場様やきのこ栽培農家様で実証実験を継続している。試験場様での評価では，既設の白色LEDと比較して，消費電力が約半分になることも報告された[18]。

第 8 章　植物栽培ランプ

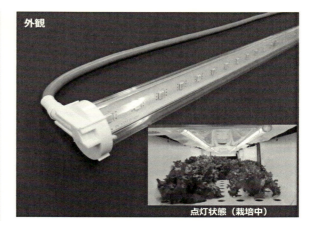

植物工場用LEDランプ （仕様）	
形状	直管タイプ
サイズ	全長 1,219 mm 管径 Φ29 mm
重量	約 350 g
発光色	赤、青
PPFD※※	275 μmol/m²/s
電源	ランプから別置
調光	赤、青個別調光可
消費電力※	34 W

※　栽培時の目安値。調光状態により変わります。
※※　波長400〜700nm範囲。
　　LED2本中央真下/高さ30cm/周囲反射板有り

図 11　植物工場用 LED ランプ

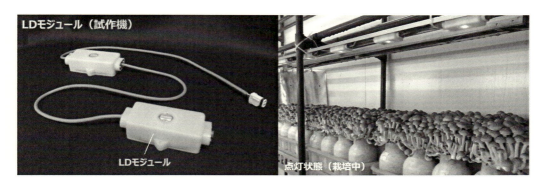

図 12　LD モジュールによるきのこ農家様での育成試験（ブナシメジ）

4　おわりに

　昨今，植物栽培ランプにおいても，一般照明用ランプ同様に経済的な視点から LED 化が進んでいる。そのような中，今回ご紹介させて頂いた商品や取り組みは，植物栽培の視点で考え，LED 化が難しい領域，LED への置換えにより新たに判明した事象，及びそこから得られた考察・知見によるものである。このように，光と植物や病害虫や菌類との関係には，まだまだ解明すべき点が多くあり，これらを追求することで，新たな光源や器具の可能性が見えてくるものと考える。例えば，LED の出力・波長バリエーション・価格に対する進化・進展や，レーザー・有機 EL といった新たな光源の利用により，今よりも多様な光波長の組合せ，光源・器具配置のバリエーションやその制御が考えられる。今後も，植物栽培ランプについて，植物自体のみなら

ず植物工場（太陽光利用型，完全人工光型）全体としてとらまえ，生産者様から消費者様の目線で考えた植物栽培ランプとして進化させたいと考える。

文　　献

1)　山田真ほか，松下電工技報，**56**, 26（2008）
2)　神頭武嗣，イチゴ大辞典，271，農文協（2016）
3)　農林水産省　農林水産政策会議ホームページ http://www.maff.go.jp/j/kanbo/kihyo01/seisaku_kaigi/pdf/100218_3.pdf
4)　八谷佳明ほか，ハイドロポニックス，**29**（2），12（2016）
5)　農林水産省委託プロジェクト研究「国産農産物の革新的低コスト実現プロジェクト」光花きコンソーシアム　研究成果，https://www.naro.affrc.go.jp/flower/index.html
6)　小林智之，福島県農業総合センター　作物園芸部野菜科ホームページ，http://www4.pref.fukushima.jp/nougyou-centre/kenkyuseika/h26_fukyu/h26_fukyu_11_ichigo_uv-b.pdf
7)　農林水産省「食料生産地域再生のための先端技術展開事業」施設園芸栽培の省力化・高品質化実証研究　研究成果，https://www.pref.miyagi.jp/uploaded/attachment/654866.pdf, https://www.pref.miyagi.jp/uploaded/attachment/654871.pdf
8)　西村文宏ほか，関西病虫研報，**59**, 15（2017）
9)　仁井智己ほか，福島県農業総合センター 企画経営部経営　農作業科ホームページ http://www.pref.fukushima.lg.jp/w4/nougyou-centre/kenkyuseika/参考3％20先端プロ苗経済性評価.pdf
10)　パナソニック ライティングデバイス㈱　ホームページ，http://panasonic.co.jp/es/pesld/products/others.html
11)　渡邉圭太，兵庫県立農林水産技術総合センター　農産園芸部ホームページ，http://hyogo-nourinsuisangc.jp/3-k_seika/hygnogyo/194/06.pdf
12)　株式会社鉄鋼新聞社　ホームページ，https://www.google.co.jp/amp/s/this.kiji.is/291051073446397025/amp
13)　村田康允ほか，植物防疫，**68**（9），539（2014）
14)　銭成晨ほか，日本応用動物昆虫学会誌，**60**（4），179（2016）
15)　田中雅也ほか，植物防疫，**71**（4），229（2017）
16)　農林水産省「食料生産地域再生のための先端技術展開事業」野菜栽培による農業経営を可能とする生産技術の実証研究 研究成果，http://www.affrc.maff.go.jp/docs/sentan_gijyutu/attach/pdf/sentan_gijyutu-26.pdf
17)　独立行政法人　森林総合研究所ホームページ，https://www.ffpri.affrc.go.jp/pubs/various/documents/led-kinoko.pdf
18)　小山智行ほか，日本きのこ学会　第20回大会（平成28年9月）講演要旨，86（2016）

第9章 高輝度放電灯（高圧ナトリウムランプ）

久綱健史*

1 はじめに

　高圧ナトリウムランプは，ヨーロッパにおけるグリーンハウス栽培の補光用途として40年以上にわたって広く使われている光源である。高圧ナトリウムランプのスペクトルは，植物の光合成に使用されるスペクトル範囲に適合しており高い光合成効率を誇っている（図1）。

　高圧ナトリウムランプのスペクトルに含まれている多くの赤い光と赤外線は，植物の光合成を促し成長や果数の増加に貢献する。補光用の光源としてはLEDの開発も進むが，広い面積を均一に効率よく照射しようと考えるのであれば高圧ナトリウムランプ以外の選択肢はない。

　本章では10年にわたって欧州で培ってきた施設園芸用の高圧ナトリウムランプの実績やノウハウをもとに，光の基礎的な知識から，光の単位や光源の種類の違い，昨今開発が進むLEDとの違いや日本での実例などの一部について紹介する。

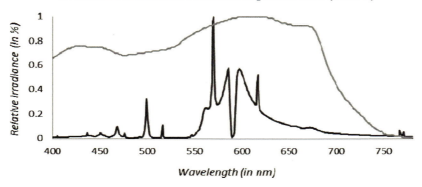

図1　高圧ナトリウムランプのスペクトルと光合成作用曲線（McCree曲線）

---

　*　Takeshi Kutsuna　ウシオ電機㈱　技術統括本部　新規開拓室　プロジェクトマネージャー

2 光とは何か

そもそも光とは何か。光とはラジオやテレビ，携帯電話の電波やX線などと同じ電磁波の一種で，紫外放射，可視放射，赤外放射の範囲の電磁波のことを言う。波長で言うと1 nmから1,000 nmの波長をもつ電磁波を「光」といい，この波長域の電磁波を放射する放射体を「光源」と呼んでいる。波長とは，波の山の頂点と頂点の距離であり，この1回の波の山と山の距離のことである。波長の違いは人の目には色の違いとなって映り，短い波長の光は人の目には青い光として映り，長い波長の光は人の目には赤い光となって見えてくる。青色や緑色や赤色といった様々な色が混ざり合ってできるのが白色である。

さまざまな波長の光の中で人間の目に見える光は可視光と呼ばれ400 nm～700 nmの範囲の光となる（図2）。

400 nmより短い光は紫外線，700 nm～1,000 nmまでの光は赤外線と呼ばれる。さらに波長の長い1,000 nmを超えるようなものは光ではなく電波と呼ばれる。電磁波には波長が長ければ長いほど遠くに届く性質がある。夕陽が赤く見えるのは，赤い波長の光が青い波長の光に比べ遠くまで届きやすい為である。こうした波長の違いを植物は利用し成育している。

主には赤い光は植物の成長を促し，収量の向上に役立つ。また青い光はアントシアニンなどの発現や葉の形態形成などに役立つ。また赤外光と可視光の量の差を感じて自分の置かれている状況を感知し，日陰にいると感じれば茎などを伸ばしたり花を早くつけようとする。

光には波としての性質だけでなく粒子としての性質もある。この光の粒子を光子と呼んでいる。植物は光子をクロロフィル等の色素で受けて光合成を行っているが，このクロロフィルの吸収波長は青の領域（400～500 nm）と赤の領域（600～700 nm）にあり，クロロフィルがこの波長の光子をどれだけ受け止めたかが成長に影響する。一般にこの光子の量（光合成有効光量子束密度：後述）が1％アップすると，収量が1％向上すると言われている。

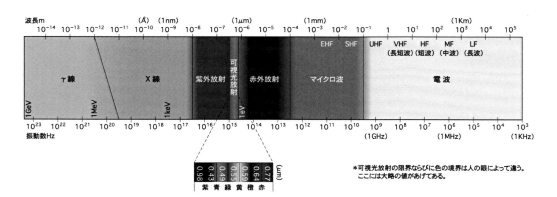

図2　電磁波の種類
出典：ウシオ電機㈱光用語集より

第9章　高輝度放電灯（高圧ナトリウムランプ）

3　光の強度を表す単位

3.1　照度

　照度とは光で照らされた場の明るさを示す言葉であり単位は lx である。人間の目は緑色（555 nm 近辺）の光に感度があるため，照度計では人間の目に合わせて緑色の領域を強調して測定するように補正が加えられている。一方で，植物の成育で重要な役割を果たすと考えられているのは赤色光（660 nm 近辺）や青色光（460 nm 近辺）であり，人間の目に合わせた指標である照度では植物の生育に必要な光の強度は正確には表現できない。植物の生育に必要な赤色の光の強度を上げても人間の目にはなかなかその変化は分かりにくい。植物にとって必要な光の強度を測定するには別の指標が必要となる。

3.2　光合成有効光量子束密度

　光合成に有効な光の強度を測定する方法としては，一定の面積に照射される光量子の量（photon flux density：PFD）を測定する方法がある。特にこの中で光合成に有効な波長（400～700 nm）の光量子を示す単位として光合成有効光量子束密度（photosynthetic photon flux density：PPFD）がある。単位は $\mu mol/m^2/s$ である。一般的に晴れの日の東京の PPFD で 2,000 $\mu mol/m^2/s$，曇りの日で 400 $\mu mol/m^2/s$ 程度と言われている。これらの値は光量子計によって測定が可能である。

3.3　光合成有効光量子束と効率

　一定の面積の場に照射される光合成に有効な光子の量を示すものが PPFD だとすると，光源が放出する光子の量そのものを表す単位として光合成有効光量子束（photosynthetic photon flux：PPF）がある。1秒間あたりに一定の場所を通過する光子の量を示しており，単位は $\mu mol/s$ で表される。光源の効率を比較するのであれば，光源の出力の大きさあたりの光子の量を求めるのがよい。放出される光子の量 $\mu mol/s$ を出力（電力：W）で割るので，効率は $\mu mol/s/W = \mu mol/sW = \mu mol/J$ で表される。数値が高いほど光源の効率が良いということになる。仮に一定の照射面における光合成有効光量子束密度の光を照射するとした場合，2.1 $\mu mol/J$ の効率の光源では 1.5 $\mu mol/J$ の光源に対して設置する光源の数が 2/3 程度にできるので効率の差は重要である。

3.4　放射照度

　また，光源による最適な補光時間の算出の為に，光子の数ではなく，光のエネルギーに関わる単位である放射照度という単位を使う場合もある。放射照度とは，物体に時間あたりに照射される面積あたりの放射エネルギーである。光子1個が持つエネルギーは波長によって決まるので，波長ごとの光量子束密度がわかれば放射照度との間で換算も可能である。単位は W/m^2 となる。

95

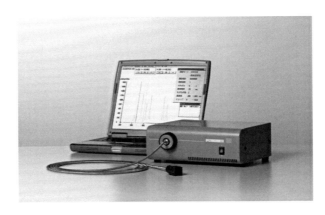

図3　分光放射照度計 USR-45

ウシオグループでは，これらの光の強度を正確に測定する測定器の一つとして，分光放射照度計 USR-45 シリーズを開発し販売している（図3）。USR-45 は産総研等で値付けされた標準電球をベースにトレースされた絶対値が測定できる照度計であり 3 ± 2 nm の高解像度を誇る。紫外・可視・赤外光までの幅広い帯域を光合成有効光量子束密度と放射照度の両方，またスペクトルグラフの取得も可能である。またポータブルな簡易型の測定器も用意して取り組んでいる。

4　さまざまな光源の種類と特徴

光源には様々なものがあるが，その発光方式の違いにより大きく3つの方式に分かれる（図4）。

1つ目は，電気エネルギーを熱エネルギーに変換して固体の温度を上げ，その温度に相当する熱放射を利用する熱放射光源である。フィラメントを高温度に加熱し，温度放射により光を発光する白熱球やハロゲン電球などのフィラメント電球がこれにあたる。人工的な光源の中では最も歴史が古く，白熱球やハロゲン電球などがこれにあたる。温かみのある色に特色があり，長波長側のエネルギーが高いことが特徴である。

2つ目は，電極から放たれた電子がガラス管内に閉じ込められたガスの原子との衝突により光を発生させる放電発光がある。内部の気圧によって低圧ランプと高圧ランプなどに区別されるが，前者には蛍光灯や殺菌灯などの光源が，後者には半導体の製造などに使用する高圧水銀ランプや，映画館の映写機などに使用されるキセノンランプ，照明などに使用される水銀ランプなどが含まれる。施設園芸分野で使用される高圧ナトリウムランプやメタルハライドランプはこの放電発光の部類に含まれる。

最後に，ある物質に電気エネルギーを与えた場合，電子が基底状態から励起状態へ移った後，再び基底状態に落ちるときに光を放出する電界発光により点灯する固体光源がある。個体光源で

第 9 章　高輝度放電灯（高圧ナトリウムランプ）

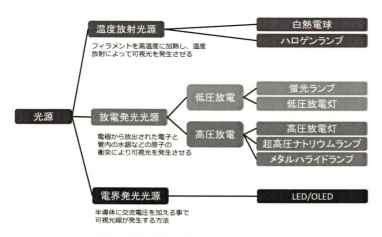

図 4　発光方式の違いによる光源の種類

は固体中の電子を，電気的な方法で基底状態から励起状態に移し，再び基底状態へ落ちる時に発する光を利用する。半導体に電圧を加えることで光を発し，有機 EL や LED などがここに含まれ，人工光源としては最も歴史の浅い光源である。

5　高圧ナトリウムランプの歴史と技術

5.1　歴史

ナトリウムランプは 1932 年にオランダのギレス・ホレストによって発明された。この時発明されたナトリウムランプは低圧ナトリウムランプと呼ばれ，見た目には点灯時は黄橙色の光源であり演色性の悪い光源である。この時に発明されたランプは今日でもトンネル照明などで見ることができる。約 30 年後の 1960 年代になってからは演色性も改善された，施設園芸の分野で広く使用されている高圧ナトリウムランプが登場する。

1970 年代に入ってからグリーンハウスが大型化していくと，高圧ナトリウムランプの施設園芸用分野における市場は急激に拡大した。2001 年から 2011 年の間だけでも，オランダの高圧ナトリウムランプにより栽培されている施設園芸の面積は 50％ も増加している。

5.2　技術

高圧ナトリウムランプには発光管の中にナトリウムや気体が封入され，放電現象を利用してランプが点灯する仕組みになっている。ランプは二重管構造で，発光管が外管ガラス内に配置される（図 5）。内部の発光管には透光性のセラミックスが使用される。セラミックスは発光管内部の高温下での封入物質との反応が少なく，発光管の劣化を抑え長寿命化に貢献する。内部のセラミックス管は白色であり，この白色の管の透光性を高めランプの効率を上げる技術も各社のノウ

97

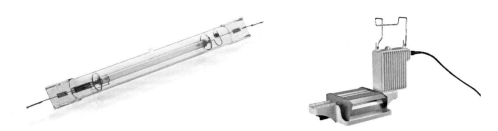

図5　高圧ナトリウムランプ（ダブルエンドタイプ）の外観と専用灯具

図6　シングルエンドタイプの高圧ナトリウムランプの外観

ハウのひとつである。

　高圧ナトリウムランプには，口金が片側だけにあるシングルエンドタイプのランプとダブルエンドタイプと呼ばれるものがあるが，ダブルエンドタイプのランプの方が光を15％以上有効に活用することができるため，欧米ではダブルエンドタイプのランプが主流となっている（図6）。

　高圧ナトリウムランプのメリットは補光としての役割だけではない。高圧ナトリウムランプの場合100のエネルギーを投入するとすると光として照射されるのは30％程度であり，残りの70％は熱となって放出される。しかし，冬期の栽培においては，ランプが発する熱も有利に働く。このことは，大面積での暖房に寄与し，温湯管などによる暖房のコントロールを容易にする効果もある。

　ランプの寿命は通常10,000時間程度であり，例えば千葉県程度の日射量でトマトを栽培した場合に，必要と考えられる点灯時間が年間1,300 h程度であることを考えれば，約8年は使用できることになり十分な寿命といえる。

6　LEDとの比較

　昨今，省エネ効果への関心の高まりもあり，LEDの技術進歩，普及のスピードは凄まじいものがある。施設園芸の分野でもLEDへの関心・期待は大きくなっており，ウシオグループでも市場の期待に応えるべくLEDトップライティング，LEDインターライティングの開発を行っている。

第9章　高輝度放電灯（高圧ナトリウムランプ）

　一方でLEDは動作温度が上昇するとLEDの素子の発光効率の低下や短寿命が発生するために放熱対策が必要となる。このため，出力の大きなLEDとなると，時によってはファンをつけて強制空冷したり，水冷式にしたりして大掛かりなものとなってしまう。このような事情から，グリーンハウスの中で，広い面積を照射できるような出力の大きいLEDが実用的になるにはまだまだ課題が多く，同じ面積を同じPPFDになるように照射する為には，LEDでは高圧ナトリウムランプに比較し倍程度の灯数が必要である。

　オランダではLEDかナトリウムランプか，という二者択一ではなく，2つの光源を合理的に組み合わせる開発が行われている。これらのいわゆるHPS/LEDハイブリッドシステムは，いくつかのグリーンハウスで既に設置され始めており，特に，HPSトップライティング（高圧ナトリウムランプによる天井照明）とLEDインターライティング（LEDによる樹間照明）の組み合わせは，トマトの栽培において普及が始まっている。この技術により背丈が高くなる作物は，上方（高圧ナトリウムランプ）と植込み位置の中間（LEDインターライティング）から最適に光を照射することができるようになった。

7　ナトリウムランプの設置について

　施設園芸の分野では様々な出力の高圧ナトリウムランプが使用されているが，どの光源を選択するかは，作物が必要としている強度，光源の設置高さ，照射面積などによって決まる。例えばトマトであれば180 μmol/m²/s，パプリカであれば120 μmol/m²/s 程度のPPFD（光合成光量子束密度）をひとつの目安として光源の配置のシミュレーションを行う。

　設置高さに関しては自身の発する熱の植物への影響を避けるため，できれば植物の成長点からの1.5 m〜2 mは離れた高さに光源を設置したい。その上で設置地域の年間の日中の太陽光の放射照度を分析し，不足する放射照度を補うように高圧ナトリウムランプの1日の照射時間を決めていく。

　ほとんどの場合，グリーンハウスの計画段階で育成する植物に対する正確な照明設計を行い，照明器具の数と電力使用量を算定し，採算性を見積もることが可能である。

8　高圧ナトリウムランプの効果

8.1　韓国の晋州における試験

　ウシオグループでは韓国の晋州市にて高圧ナトリウムランプによるトマトの補光試験を実施している。晋州市は日射量，気温条件などが千葉県とほぼ同じである（図7）。

　このトマト農家ではこれまで250 Wのメタルハライドランプを使用していたが，収穫量の向上を目指して1 kWの高圧ナトリウムランプの導入の検討を行っている。その為，一部区画での試験を実施した。この時の試験ではトマトが休眠に入る時はできる限り自然光で夜を迎え，また

アグリフォトニクスⅢ

	平均気温（℃）			日射量（J/cm^2）		
	晋州	千葉	オランダ	晋州	千葉	オランダ
1月	− 0.4	5.4	3	950	908	233
2月	1.8	5.6	4	1130	1136	478
3月	6.6	9.4	7	1440	1249	827
4月	12.7	14.3	9	1670	1472	1345
5月	17.5	19.6	13	1810	2005	1748
6月	21.4	22.2	15	1610	1575	1808
7月	24.8	24.3	17	1440	1516	1764
8月	25.6	25.1	18	1580	1283	1541
9月	20.9	21.4	15	1320	1190	1025
10月	14.8	17.2	11	1240	1116	603
11月	8	12.6	8	920	787	291
12月	1.9	7.1	6	830	814	173

図7　千葉県と韓国晋州市，オランダにおける温度と日射量の比較

	高圧ナトリウムランプ (1 kW) エリア		メタルハライドランプ (250 W) エリア		増収量	
	収穫量 (kg)	収果数	収穫量 (kg)	収果数	収穫量 (kg)	収果数
2017/1/2	75	543	67	541	12%	0%
2017/1/9	83	627	67	528	24%	19%
2017/1/16	47	376	41	362	15%	4%
2017/1/23	46	360	35	312	31%	15%
2017/1/30	88	638	49	407	80%	57%
2017/2/6	66	455	44	373	50%	22%
2017/2/13	43	298	33	266	30%	12%
2017/2/20	68	473	56	408	21%	16%
2017/2/27	89	553	44	325	102%	70%
2017/3/6	55	343	24	186	129%	84%
2017/3/13	33	205	19	145	74%	41%
平均	63	443	44	350	52%	31%

図8　韓国晋州における高圧ナトリウムランプによるトマト収量の比較

最低6時間の休眠をとれるように例えば17時頃に日没を迎えるのであればランプを点灯するのは早くとも23時頃となるような照射の設定とした。また外部の放射照度が一定の数値に満たない時に日中も点灯するなどの対応も実施した。その上で1日の積算光量が最低で1,200 J/cm^3/hrとなるように補光時間を算出した。この時は結果として11月，12月，1月は1日十数時間の補光を行い，2月は数時間の補光のプログラムとなった。こうして実施した試験では慣行区（250 Wメタルハライドランプ使用のエリア）に比較し，1 kWの高圧ナトリウムランプを使用したエリアでは1月～3月の収量が平均で52%，収果数で31%の増加に成功した（図8）。

第 9 章　高輝度放電灯（高圧ナトリウムランプ）

8.2　北海道サラダパプリカ㈱における事例

　北海道サラダパプリカでは，夏季の日中の平均気温が21℃と冷涼な気候である釧路市に2.4 haのグリーンハウスを建設し栽培に取り組んでいる。2016年9月より栽培を開始しており，年間600 t，単収26 kg/m^{2}を目指して取り組みを行っている（図9）。

　パプリカを日本で栽培するには気候面での多くの苦労を伴う。特に温度，日射，湿度の変化に弱い。北海道釧路市は北ヨーロッパのような気候であり，冷房無しでも夏秋出荷も可能である。釧路市の気象条件の課題としては，冬期の寒さと日射量の不足が挙げられる。北海道サラダパプリカではこれらの解決のため，近隣製紙工場からの熱源を活用すると同時に高圧ナトリウムランプを利用している。冬場の国産パプリカは高単価が期待できる。高圧ナトリウムランプを活用し，この時期の収穫量を向上すれば，売り上げの増加に大きく寄与できる。

　2016年〜2017年にかけては一部のエリア（約4,000 m^2）で補光により育苗期間の短縮を行い，収穫期間を延ばすことで収量の向上につなげる目的で試験を実施した（図10）。補光期間は12

図9　北海道サラダパプリカ外観

図10　育苗補光試験の様子

101

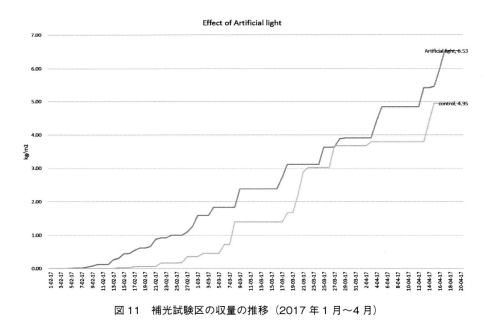

図11 補光試験区の収量の推移（2017年1月〜4月）

月から4月初頭までの約3カ月とした。その結果，対象区に比較し収穫を10日間の前倒しに成功し，同期間で30%を超える増収を達成した（図11）。

北海道サラダパプリカではこの結果を受け2017年〜2018年には全エリアに高圧ナトリウムランプを導入し，収穫期間を34週から36週へ延長することで収穫量の向上を目指している。

9　おわりに

高圧ナトリウムランプは施設園芸で30年を超え使用される歴史の中で技術的な成熟期を迎え，信頼性の高い，安定した技術と言える。また，昨今の異常気象による夏場の日射量不足は作物に大きな影響を与えており，夏場であっても補光による効果も期待できる。また，あわせて栽培する作物の販売単価が上昇する時期を狙った作型に挑戦するなどの工夫も必要となるであろう。

ウシオグループでは日本国内では高効率 2.1 µmol/J の高圧ナトリウムランプを準備し，600 W，750 W，1 kW の3タイプを準備している。ウシオグループではグループが一体となり開発を進めることで農業技術の発展に貢献し，また新しい農業にチャレンジする人の後押しとなるような取り組みができるようにしていきたい。

植物工場　編

第 10 章　玉川大学 LED 植物工場
― Sci Tech Farm「LED 農園」―

渡邊博之*

1　はじめに

　玉川大学では，2004 年より LED を光源とした植物工場の開発研究を農学部の研究課題として正式にスタートし，2010 年 3 月にはその技術開発ための研究施設である Future Sci Tech Lab「植物工場研究施設」を竣工，稼働させた。床面積，約 800 m^2 のこの研究施設は，栽培光源として光の波長と強度を自由にコントロールできるダイレクト冷却式ハイパワー LED（後述）を備えた 15 台の大型水耕栽培装置を設置し，光環境と植物の生育や生理を集中的に研究できる施設となっている[1]（写真 1，写真 2）。

　そこでの研究成果をベースとして，2012 年 1 月に西松建設㈱と植物工場の技術開発に関する産学連携協定を締結し，さらに 2012 年 11 月に LED 植物工場野菜の生産実証施設である Sci Tech Farm「LED 農園」を部分的に稼働させて，一日約 600 株のリーフレタス（3 品種）の生産，試験販売を開始した。2 年間の試験運転を経て，2014 年 11 月には一日約 3000 株の生産能力を持つ栽培システムにスケールアップして稼働させ，現在はリーフレタス 7 品目の生産と販売実証試験を続けている[2〜3]（写真 3，写真 4）。

　Sci Tech Farm「LED 農園」は，次のような特徴を持つ人工光型植物工場である。

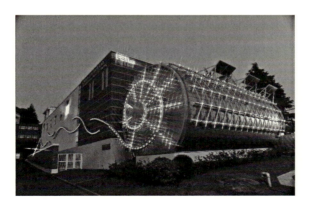

写真 1　Future Sci Tech Lab「植物工場研究施設」の外観

---

　*　Hiroyuki Watanabe　玉川大学　農学部　先端食農学科　教授

アグリフォトニクスⅢ

写真2　Future Sci Tech Lab「植物工場研究施設」の栽培実験室

写真3　Sci Tech Farm「LED農園」の外観

写真4　Sci Tech Farm「LED農園」の内部。
　　　12段式のLED水耕栽培システム

第 10 章　玉川大学 LED 植物工場

2　ダイレクト冷却式ハイパワーLED の採用

　玉川大学の独自技術であるダイレクト冷却式ハイパワーLED ランプユニット（2014 年 9 月特許取得）[4]を実装し，耐久性の強化，照明電力費の削減，植物に必要な波長の光を自由に調光することなどを実現している。ダイレクト冷却式ハイパワーLED ランプユニットでは，LED チップを放熱用のアルミ基板にダイレクトに接着させることにより，LED チップで発生した熱をアルミ基板に逃がし，それを水冷もしくは空冷で強制冷却することにより，LED チップの温度上昇を防ぐシステムである（図1，図2）。LED チップの温度は，点灯時でも 30-40℃に維持され，LED ランプの耐久性を高め，高輝度化，長寿命化に寄与する技術である。

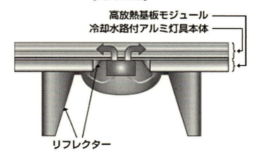

図1　ダイレクト冷却式ハイパワーLED ランプの構造の模式図
（中央の赤色が LED チップ）

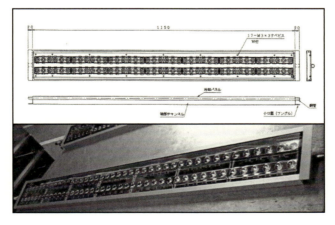

図2　ダイレクト冷却式ハイパワーLED ランプの外観

3 多段式水耕栽培システムの採用

独自の水耕養液管理システムを導入することにより，正確な施肥管理が可能である。特徴として養液中の肥料濃度がリアルタイムで数値として表示されるとともに，カリウムについては常時，濃度をモニターすることにより，栽培中のカリウム欠乏もしくはカリウム過多を未然に防ぐことができ，安定した生産が可能となった。さらに水耕システム全体を軽量化できる薄膜水耕栽培方式（NFT方式）を採用し，12段の多段式栽培システムが可能となった[5]（写真4）。

4 クリーンな栽培環境

栽培室の光条件をはじめ，温度，湿度，炭酸ガス濃度，風速などの全てを制御できる栽培システムであり，これらを厳密に制御することで野菜の高い品質を達成することができる。栽培室内のクリーン度は米国空気清浄度基準でクラス100,000レベルを維持できるフィルターを装備している。そのため，空気中の微粒子および細菌が少なく，栽培している野菜に付着する細菌数を抑えて，清潔な野菜の生産が可能となっている。

5 自動栽培システム

この栽培室における自動化システムは，大きく次の2つに分けられる。
① スタッカークレーンを用いた苗の入庫および収穫物の出庫システム（写真5）
② 上記トレイを15-17日間かけて栽培棚を移動する自動移動システム（写真6）

以上の2つを組み込むことにより，Sci Tech Farm「LED農園」は，野菜が移動しながら育

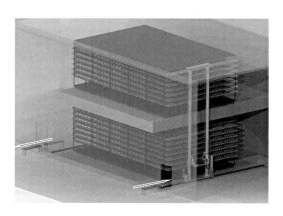

写真5 栽培室の自動搬送クレーン

第 10 章　玉川大学 LED 植物工場

写真 6　栽培装置から野菜を取り出す収穫システム

てる工業的な野菜生産システムを構築することができた。この自動化システムの導入により，労力の削減，人件費の節約を達成している[6]。

6　ICT の導入

　Sci Tech Farm「LED 農園」には約 70 台の環境監視センサーがあり，栽培環境を常に監視・モニターしている。環境を自動制御し，野菜に適した環境を維持することにより，高品質野菜の安定生産を可能としている。これら ICT 技術の導入により，栽培環境の可視化が可能となり，野菜栽培のマニュアル化，システム化につながると考えている。将来的には，クラウドコンピューティングを採用することにより，栽培，生産から流通，販売までを一元管理したサプライチェーン・マネジメントシステムの構築を目指している[7]。

　現在生産されている野菜は，レッド系，グリーン系，フリル系，ロメイン系のリーフレタス 5 品種 7 製品で，すべて玉川学園産の「夢菜」ブランドで流通，販売されている。生産物の大部分は小田急商事㈱を通して小田急沿線のスーパー「小田急 OX」の全 26 店舗で売られている。7 製品は，ほぼまんべんなく売れており，店頭価格が 200 円前後に設定されているスタンダードタイプも，同 400 円前後のプレミアムタイプも売れ行きは同様である。店頭に陳列して 3 日間での販売率は，常時 90-95％程度で推移しており，継続して好調な売れ行きを見せている。

　生産コストは，人件費，電力費，設備償却費が，生産コスト全体のそれぞれ約 3 割を占めており，これらについてはさらなるコストダウンをめざしている。流通・運搬経費については，小田急線沿線という立地の良さから，小田急線沿いのスーパーへの配送は，既存の配送ネットワークを使って，たいへん効率よく行われている。こうしたことからも，植物工場事業が都市部，特に大消費地近隣での展開に有利だということを実感している。全体として，事業継続に必要な要件は整えており，今後，学外での事業展開，海外需要への対応などを進めていきたいと考えている。

　生産する野菜については，今後，さらに高品質化，高付加価値化をめざして，ビタミンなど栄養価の高い野菜，健康や医療効果のある野菜，ベビーリーフやスプラウトへの展開など，収益率

アグリフォトニクスⅢ

写真7　「夢菜」ブランドでの商品化

写真8　小田急ＯＸ全店舗での販売

の高い野菜生産ビジネスのモデルの構築をめざすとともに，国内だけでなく，海外への展開も見据えて技術開発や商品展開を進め，新しい農業生産のかたちを国内，海外に提案していきたい。

文　　　献

1) Ono E, Watanabe H : Design and construction of a pilot-scale plant-factory with multiple lighting sources, ASABE paper number 1008799 (2010)
2) 渡邊博之：玉川大学の植物工場研究の取り組み，農耕と園芸，66，25-28 (2011)
3) Watanabe H. : Light-controlled plant cultivation system in Japan-Development of a

vegetable factory using LEDs as a light source for plants, *Acta Horticulturae*, **907** : 37-44 （2011）
4) 特許公報：特許名称「LED 照明装置」，特許番号第 5597374 号，特許登録日平成 26 年 8 月 15 日
5) Ono E, Usami H, Fuse M, Watanabe H : Operation of a semi-commercial scale plant factory, ASABE paper number 1110534（2011）
6) 渡邊博之：光環境をコントロールした植物工場と LED の利用について，食品工業，**53**：89-95（2010）
7) 渡邊博之：植物工場の今，農耕と園芸，**10**，12-16（2015）

第11章　大阪府立大学における植物工場の基盤研究
―生体計測・制御技術―

福田弘和[*1], 守行正悟[*2], 谷垣悠介[*3]

1　はじめに

　大阪府立大学は 2010 年に経済産業省と農林水産省の支援を受け植物工場研究センターを設置し，企業コンソーシアムと連携した植物工場の産学連携研究を展開してきた。大阪府立大学植物工場研究センターでは，人工光型植物工場に特化し，第1に，空調・光源・養液・搬送など，「工業的システム」の研究開発に重心をおいた研究戦略がとられた。また第2に，ユニバーサルデザインやゼロウェイスト，サイバー市場など「都市農業」の基盤となる技術開発，そして第3に，「生体計測・制御技術」において研究開発が進められた。

　特に，「生体計測・制御技術」は，あらゆる植物生産の根底となる技術であり，国際競争力獲得の視点から最も重視されるべき開発課題である。例えば，「生産安定化」，「成長予測」，「環境最適化」などは，あらゆる植物工場が直面する課題であり，これら3大課題に対する対策の有無がその植物工場の経営運命を左右することとなる。これらの課題は，技術的に次世代の植物工場ソフトウエアが担うべき高度なアルゴリズムであり，生体計測・制御技術の研究開発に分類される[1,2]。

　本章では，まず，大阪府立大学植物工場研究センターの設置背景について概説する。次に，日産 6,000 株の大規模 LED 植物工場における量産実証研究を紹介した後，生体計測・制御技術に関する研究戦略と研究成果を紹介する。特に，クロロフィル蛍光画像を用いた優良苗診断技術，さらには全遺伝子発現解析による概日時計（約 24 時間の体内リズムを生み出す生物時計）の生理学的分析やその意義など，実践的な産業技術開発から最先端の基礎研究までの成果を紹介したい。

2　大阪府立大学植物工場研究センター

2.1　研究センターの設置

　2008 年 9 月に「新経済成長戦略」が閣議決定されたことにより，農林水産省と経済産業省は農商工連携促進等による地域活性化を目指し，平成 21 年度（2009 年）補正予算による研究開発

　＊1　Hirokazu Fukuda　大阪府立大学　大学院工学研究科　機械系専攻　教授
　＊2　Shogo Moriyuki　大阪府立大学　大学院工学研究科　機械系専攻　非常勤研究員
　＊3　Yusuke Tanigaki　大阪府立大学　大学院工学研究科　機械系専攻　客員研究員

第11章　大阪府立大学における植物工場の基盤研究

推進機能を担う拠点整備事業が展開された。これより，大学を拠点として企業とのコンソーシアム形成による産学連携を基盤とした「植物工場に必要な要素技術の研究開発や普及拡大」を推進することとなった。大阪府立大学は両省からの支援を受け，2010年2月に「植物工場研究センター」を設置し，企業コンソーシアムと連携し，完全人工光型植物工場の実用化に不可欠な基盤要素技術の研究開発を本格的に開始した[3~5]。

　研究センターの設置当初，第2次の植物工場ブームの反省点として第一に「生産コストの低減」を目標とした研究テーマの選定と研究体制の組織化を行った。大阪府立大学の学部（学域）・研究科の枠を越えた学際的あるいは分野横断型の研究を進める「21世紀科学研究機構」に属した植物工場研究センターを設置し，生命環境科学系（農学系），工学系，理学系，経済学系および総合リハビリテーション学系等の広範な研究領域の教員約50名が参画し，完全人工光型植物工場の実用化が可能となる低コスト生産の基盤要素技術の研究開発を開始した[4]。

　植物工場研究センターは，経済産業省の支援で新たに建設したA棟と農林水産省の支援で新たに建設したB棟において研究開発を展開した。A棟は，栽培環境シミュレーション室を完備し，40%のコストを縮減した低コストで野菜を生産するために植物工場に欠かせない各種基盤要素技術としての①均一環境を保障する空調技術，②コスト縮減のための照明技術（LED化），③人件費削減のための自動化（ロボット化），④育成環境制御のための各種センサーの開発，⑤機能性作物育成のための特殊育成環境制御技術，⑥残渣処理のためのゼロウェイスト（zero waste）技術，⑦環境配慮とコスト縮減のためのエネルギー技術（ソーラパネルの有効活用法）等の研究開発を行ってきた。B棟では，レタスやハーブ等を水耕栽培で育成するための技術を確立し実証生産してきており，15段の多段式水耕栽培施設を用いた日産250株のレタス栽培を検証した。この棟の栽培室内では温度および二酸化炭素濃度が制御されるとともに，湿度と空気流速の最適化が計られた。光源には主に蛍光灯，一部にLEDを用い，消費電力量の平準化と栽培環境の最適化が図られた。また，栽培室内では一切土壌を用いない水耕栽培で，高分子材料製の栽培トレイで栽培し，栽培室内の作業は全てロボットで行われた[4]。

2.2　量産実証研究棟

　3年半にわたるこれら基盤要素技術の研究開発の成果に基づき，経済産業省「イノベーション拠点立地推進事業」の支援を受けることが決まり，2014年9月に，日産5,000株のレタス生産の実用化を目指す大規模な植物工場，「グリーンクロックス新世代（GCN）植物工場（C棟）」がB棟に隣接して建設された[4]。その概要を図1に示す。GCN植物工場は，コア企業数社と大阪府立大学の産学連携事業として開始された。上述した植物工場研究センターでの研究成果の中から最新技術である植物の概日時計利用技術による優良苗選別技術，光源を全面LEDとする省電力化技術，搬送ロボット技術をレタス栽培トレイに装着することで栽培室内のロボット化・無人化，低コスト化を実現し，さらに最適空調システム技術等の最新基盤要素技術を導入することで，採算性の高い大規模LED植物工場を目指した。

113

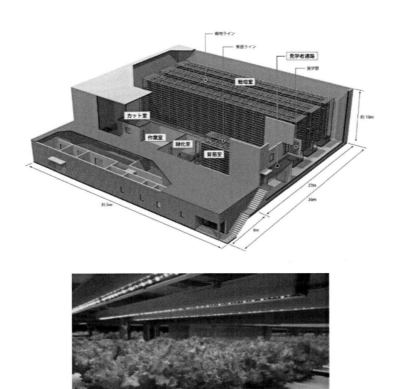

図1　大阪府立大学の大規模LED植物工場（C棟）

　C棟では，2品種のレタス（フリルアイス，バタビアレタス）を主に生産している。C棟は，生産工程として緑化室，育苗室，栽培室，作業室，洗浄室，予冷室などにより構成される。緑化室では播種や初期の育苗が約1週間行われており，後述する苗診断装置を利用した苗の選別が実施される。育苗室では，それぞれにLEDランプが備えられた多段（17段）の棚を利用して，Deep Flow Technique：DFT（たん液）方式で約2週間育苗が行われる。育苗終了後，苗はNutrient Film Technique：NFT方式で養液が供給される栽培室（それぞれにLEDランプが備えられた多段（16または18段）の棚が設置）に移動する。この栽培室でのパネルの移動は自動搬送装置により自動的に行われる。栽培は約20日間行われ，栽培終了後，パネルは自動的に作業室に移動し，レタスの収穫，調整および包装が行われる。包装後，出荷までの間，レタスは予冷庫において予冷される。他方，収穫後のパネルは，植物残渣を処理した後，洗浄室で洗浄される[6]。

2.3 量産実証研究の第2フェーズ

2014年秋から2016年春にわたり，C棟における大規模生産の実証が達成された（第1フェーズ）[6]。2017年4月からは，第2フェーズに移行し，主として植栽密度の増加を改良点とし，1日あたり最大6,000株のレタス類を連続的に生産できるようになっている。C棟の運営は，大学からは独立している運営会社（大阪堺植物工場㈱：運営会社の母体は，南大阪のスーパー）が主体的に実施しているが，栽培面や技術面の問題が生じた場合には，植物工場研究センターの支援がなされる。その運営会社の傘下には，食品加工を行う会社もある。また，生産管理にかかわる改善も進められており，生産性向上のために，①組織体制の整備とリーダー制の導入，②工程の明確化と標準作業時間の推定，③安全・衛生管理の徹底を重点的に実施している。他方，上述のように運営会社の親会社の傘下には食品加工を行う会社もあることから，その安全衛生基準に準じた管理が徹底されている[6]。

3 次世代ソフトウェアと生体計測・制御技術

国際競争力獲得の視点から「生体計測・制御技術」は，最も重視されるべき開発課題である[1,2]。特に，多くの植物工場が直面する「生産安定化」，「成長予測」，「環境最適化」の3課題は，植物工場の経営に直結する。技術的には，これらの課題は次世代の植物工場ソフトウェアに起因する高度なアルゴリズムであり，生体計測・制御技術の研究開発に分類される。

第3次ブーム（2009年～）以降，植物工場におけるソフトウェアの研究開発は急速に進んでいると言える。図2は近年におけるソフトウェア研究開発の流れを示したものである。第3次ブーム開始時の2010年頃は「環境制御」が中心であり，照明や空調，養液循環，搬送などの自

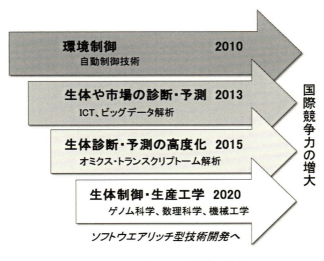

図2　ソフトウェア研究開発の流れ

動制御に関するソフトウェアの研究開発が行われた。2013 年頃になると，世間では ICT（情報通信技術）やビッグデータが話題となったこともあり，「生体や市場の診断・予測」に関するソフトウェアの研究開発が始まった。2015 年頃になると，全遺伝子発現情報などの網羅的な生物情報科学である"オミクス"の応用が注目され，「生体診断・予測の高度化」に向けたソフトウェアの研究開発が始まった。オミクスへの注目は，内閣府の戦略的イノベーション創造プログラム（SIP）による後押しの影響が大きい。また，2016 年には文部科学省の戦略目標として「気候変動時代の食料安定確保を実現する環境適応型植物設計システムの構築」が定められ，それを受け科学技術振興機構（JST）では戦略的創造研究推進事業として 3 つの大型プロジェクト（CREST 研究 1 領域，さきがけ研究 2 領域）を開始した。これらのプロジェクトでは生物学，情報科学，工学を組み合わせた総合的研究が推奨され，「オミクス」，「数理モデル」，「生体制御」といったバイオインフォマティクス・システム科学的アプローチが重視されている。これは，国際的に見ても非常に進んだアプローチであり，世界をリードする成果が期待される。このような国家戦略の影響を受け，2020 年頃には「生体制御，生産工学」を駆使した植物工場のソフトウェアが商業ベースでも本格的に開発され始めると予想される[1]。

　生体計測・制御技術における最も重要なコンセプトとして，Speaking Plant Approach（SPA）がある[7]。SPA は生物環境調節学の基本概念であり，提唱から 4 半世紀の間，国際農業工学に大きな影響を与え続けてきた。現在，最新の ICT や AI を活用した「第 2 世代の SPA」が，農林水産省「人工知能未来農業創造プロジェクト」の支援を受け，愛媛大学を中心に日本－オランダの国際共同で進められている。太陽光植物工場に実装された第 2 世代の SPA は，トマト樹群の環境－生物ビッグデータを生み出し，全く新しい生産技術を生み出そうとしている[8]。急速な展開が進む第 2 世代 SPA の影響力は非常に大きく，基礎研究の面でも緊急の学術的整備を要する課題が現れている。例えば，ビッグデータに基づく生物モデリングや，そのモデルの特性解析などである。

　一方，SPA には「システム制御」という側面がある。生物現象のメカニズムをモデル化し，数理的に植物システムを制御するというものである[9]。また，モデルの分解能を高めるためには，「いつ」・「どこで（植物のどの部位で，どの細胞で）」という時空間の情報，さらにはその情報伝播を鑑みる必要がある。したがって，SPA は「時空間の物理的現象として植物システムをモデル化する必要性」を含んでいる。

　一方で，現在，農業生産技術開発においては人工知能や ICT 活用によるナレッジマネジメントに注目が集まっている[10]。これは，暗黙知や集合知により，個人では到達し得ない高度な栽培手法を引き出すことを目指している。ただし，植物工場は圃場環境とは栽培環境が大きく異なっており，既存の栽培ノウハウだけでは太刀打ちできないことに注意したい。例えば，LED ランプの波長の最適な組合せやその最適な消灯タイミングなどは，歴年の農家であっても経験がなく，推定が困難である。以上のことから，植物システムのメカニズムに立脚した技術開発が必要である。

第11章　大阪府立大学における植物工場の基盤研究

4　数理科学・情報学的アプローチによる生体計測・制御技術の開発

　高度な栽培手法を引き出すためには，植物生理学に基づいた数理科学および情報学的アプローチによる生体計測・制御技術の開発が必要である。つまり生体計測等によるプロセス制御，フィードバック制御，フィードフォワード制御を駆使するために，時系列な生育情報や生理代謝情報を解析する基盤研究が重要となる[2]。そこで筆者らは，植物栽培における時系列の主成分が「日周期（24時間周期）」であることに注目し，概日時計の研究を行っている。本節では，概日時計に着目した生体計測・制御技術を紹介する。

4.1　植物栽培における概日リズムの普遍性

　環境ならびに生物が「日周性」を持つということは，植物栽培における前提の一つである。図3は著者らが愛媛大学との共同研究で行った太陽光植物工場におけるトマトの全遺伝子発現解析（RNA-Seq解析）の結果と栽培環境データ（2014年1月6〜8日）である。2日目には降雨があり，環境は揺らいでいるが，全遺伝子発現解析データに見られる日周性は安定している[11]。このように概日リズムは揺らいだ環境下においても頑強であり，これによって植物は様々な生理代謝のマルチタスクを安定して実行できる。この概日時計の安定化機構を解明することが，植物生産の安定化において重要である。

　例えば，図3に示したトマトの全遺伝子（27,420個）の発現パターンを解析したところ，大きく変動する外環境の中でも多くの遺伝子が周期的な発現を示し，昼に発現量が増加し夜に低下するような日周性が保たれていた。特に1,516個の遺伝子が約24時間の明確な周期性を示していた。このような周期性から遺伝子の発現は概日時計による制御を受けていることが示唆される。

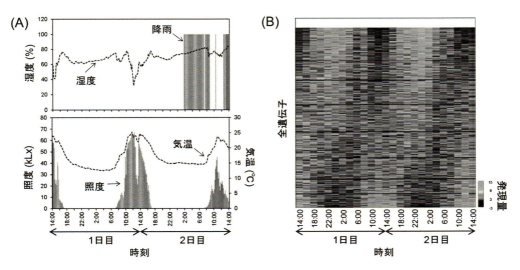

図3　環境サイクルと遺伝子発現リズム

ここでさらに重要になるのが，微量でも多岐に影響を及ぼし，生存そのものに影響を与える植物ホルモンの制御である。植物ホルモンアブシジン酸（ABA）応答経路では，ABA 受容体に直接結合し ABA シグナル伝達を制御する *ABI1*，エチレン（ET）応答経路では，下流の応答遺伝子の発現を調節する *ERF1*，サリチル酸（SA）応答経路では SA の合成量を左右する *PAL*，ジャスモン酸（JA）応答経路では，JA 生合成の初期段階に機能する *AOS* とその下流で機能する *OPR1* が約 24 時間の周期的発現変動を示した。周期性を示したこれらの遺伝子には，時計遺伝子の影響を受けるものもあり，刺激・ストレス応答経路が概日時計の制御下にあることが示唆される[11]。

　一方，LED ランプを用いた人工光型植物工場におけるレタスの時系列トランスクリプトーム解析では，連続照明条件においても 215 個の遺伝子が明瞭な周期性を保ち，概日リズムを示すことが分かった[12]。この 215 個の 25％がストレス応答遺伝子であることなども分析できている。さらに，この 215 個の遺伝子を用いることで，各時点における概日時計の内部時刻（概日リズムの位相）が精度よく推定できることも明らかとなった。このように，植物の草姿解析だけでは全く把握することができない植物ホルモンや概日リズムの位相などのデータは，オミクス解析によって取得することができる。

　以上の概日時計に関する科学的進展から，現在，植物概日時計の植物工場への応用が期待されている。上述したように，植物工場における技術課題は，「生育（生産）不安定化の解明」，歩留まり向上のための「成長予測（苗診断）」，高品質・低コスト生産のための「環境最適化」である。また，植物工場には，圃場や実験室にはない「多様な環境の生成（非 24 時間の昼夜サイクルなど）」や「大規模かつ連続的な個体集団の生成（播種から収穫までの定常的なフロー）」などの特性がある。したがって，このような特性を踏まえつつ課題を解決するためには，数理科学的・情報学的な手法が必須である。次節では，植物工場の 3 大技術課題に対する基礎研究を概説する。

4.2　成長予測技術（優良苗診断技術）

　一般に生物は個体ごとに大きさや品質が異なる。植物工場の主な作物はレタスであるが，多くのレタス品種は固定種であるため，個体間のばらつきが大きい。このため，苗診断によって成長速度が揃った苗集団を早期に準備できれば，生産量を安定化させることができる。成長予測においては，既に大阪府立大学の植物工場 C 棟における概日リズムを用いた苗診断技術としての技術開発を行っている。ごく初期の幼苗段階においても，クロロフィル蛍光に概日リズムが認められるが，その概日リズムの特徴量により苗の優良性を判断する技術を開発している（図 4）[13]。

　この優良苗診断ロボット（図 4A）は，毎日 7,200 本の苗に対し全自動で成長予測を行い，優秀苗として毎日 5,000 本を選別する。苗診断は，青色 LED 光により植物体のクロロフィル色素を励起させ，クロロフィル蛍光を撮像して行う。クロロフィル蛍光は 4 時間毎に 1 日に 6 回撮像される（図 4B）。計測 1 回あたり 5 分間の動画データを取得し，個体サイズ，形状，クロロフィル蛍光を計測する。計測 1 回で 600 株の苗情報（図 4B 白塗り箇所）を高解像度で解析すること

第11章 大阪府立大学における植物工場の基盤研究

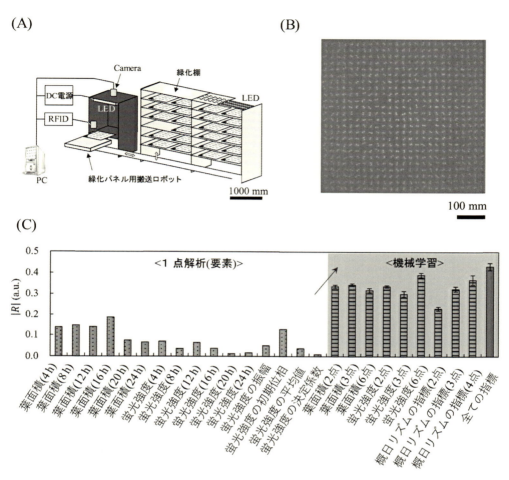

図4 大阪府立大学植物工場における苗診断技術

ができ，また，高速処理により計測コスト低減につながる。このように取得された1日6点の時系列データから，個体ごとの①個体サイズ，②形状についての形態的情報，③クロロフィル蛍光強度，④概日リズムの振幅，⑤概日リズムの位相，などを算出する。①〜⑤を苗診断に関する基礎データとし，所定の評価関数を用いて苗の優良性を数値化する。苗診断の評価関数は，機械学習なども利用して定め，相関係数 $|R|$ により成長予測の精度の指標とする（図4C）。毎日7,200本の苗診断を行うと約半年で 10^6 個体のデータを蓄積でき，この膨大な苗診断データは，大学研究室のサーバーで保管・解析され，苗診断のパラメータ更新や新規アルゴリズム開発に利用される。苗診断において概日リズムに着目している点は世界的にも初めての試みであり，これにより苗診断の精度の向上を目指している。

フィールドと連携した苗工場としての植物工場も期待されている中，個体差を抑え優良性のスクリーニングを実施できる苗診断技術は，ビッグデータ時代に相応しい主要技術となると期待さ

れている。今後，予測精度を上げる技術開発として AI による画像解析研究を進めつつ，植物成長と予測手法についての数理的な体系化を目指す必要がある。

4.3　生産安定化技術

　生産不安定性を引き起こす要因は，栽培環境の空間的・時間的な変動，種子の状態変化，栽培工程の変動など様々である。栽培環境や種子の状態を厳密に一定にコントロールすることはコスト面と実現性で無理がある。また，「稼働開始時の植物工場」や「マーケットと連動して生産量を日々調整している植物工場」などにおいては，栽培工程は意図的に変更される。本来このような変動要因は常時モニタリングされ，栽培・生産計画シミュレーターで緻密に管理されるべきであろう。しかし，現在の植物工場のソフトウェア（栽培管理）はその段階に至っていないものが多い。

　そこで生育不安定化の解明においては，概日時計の物理学的知見が有用である。環境サイクルと概日リズムの同調関係は，パラメータ（概日時計の固有周期や環境への感受性など）に強く依存しながら絶妙に成り立っており，非常にデリケートである。この同調における不安定点（同期現象の数理モデルにおける不安定解）がしばしば作用し，生育不安定化を引き起こしている可能性がある[9]。植物状態のこのような不安定化現象は確率的な現象であるため，「大規模かつ連続的な個体集団」を対象とした計測がメカニズムの解明に役立つと思われる。そこで著者らは，外見に大きな違いがなくても，個体によって概日リズムの安定性が大きく違う場合があると考え，C 棟における育苗期（育苗室での植物の成長期間）の概日リズムの計測（播種後 6 日目から 15 日目にかけて連続撮影を行い，個体毎の画像解析により成長速度などの特徴量の算出）を行っている。一般に概日リズムの乱れは，生理代謝の不調を引き起こすため，植物工場における生産不安定性に関与している可能がある。将来，計測システムの拡張により，植物工場における生産量と苗の概日リズムの関係が明らかになると期待される。

4.4　環境最適化技術

　環境最適化においては，日長や昼温夜温の設定，暗期中断など，概日時計に基づく様々な農業手法が従来から存在している。しかし今後は，時間的・空間的により一層精密な環境最適化を目指すことが可能となると思われる。根の概日時計は地上部と質的に異なることや，成長点と葉で概日時計が異なる振る舞いをしていることなどが，2000 年以降，次々と判明している[9]。植物工場の高い環境調節能力を活かし，時空間的に高精細に概日時計制御を行うことが将来可能になると期待される。

　また，植物工場の活路として，高付加価値な植物生産を目指すことが今後ますます重要になる。ハーブ類や薬用植物などは，二次代謝物が植物の価値を決めるため，特にオミクス的手法が必要である。しかし，上述したように，オミクスの動態においても概日時計は切り離せない存在であるため，概日時計の観点から解析が必要である。著者らは，大阪府立大学の植物工場で生産販売

第11章　大阪府立大学における植物工場の基盤研究

しているレタス（フリルアイス）において215個の時刻表示遺伝子（明確な概日リズムを示す遺伝子）を同定し，それらの生理学的な機能性の解析を行っている[12]。この解析から，光合成関連や硝酸代謝，ビタミンB1代謝のクラスターにおいて概日リズムが強く影響していることが分かった。このような in silico 解析により，どの代謝経路が概日時計を介して調節可能かを事前に把握することができる。この遺伝子機能解析はトマト[14]やシソ[15]などにも利用することができ，今後の利用が期待される。

5　今後の展望

本章では，植物工場が直面する課題を説明し，生産（栽培）における技術課題として「生産安定化技術」，「成長予測技術」，「環境最適化技術」があることを述べた。これら3つの技術課題は，植物生理学に基づいて数理モデルを駆使することによって達成される生体制御技術である。現在，農業の技術革新を起こす取組みとしては，ICTやAIによるナレッジマネジメントを誰しも想起するかもしれない。しかし，植物工場における課題の根本は異なることに注意したい。作業の効率化や暗黙知の形式知化が有効な圃場や施設園芸と異なり植物工場では，そもそも何が最適な栽培法なのかが判明していない。例えば，長年の経験を持つ農家であっても，LEDの波長の最適な組合せを推測することは困難である。また，大気の状況と植物の様子から作業を判断する篤農家も，植物工場の中ではその感覚が上手く活かせないであろう。植物工場における研究開発の方向性は，圃場や施設園芸で求められている方向性とは異なることを認識すべきである。植物工場の栽培技術を従来農業における研究開発とは不連続な生体制御技術として捉える方が適切であると思われる。

植物工場における生体制御技術は，未だ十分研究されていない領域である。研究開発の国際競争が激化する中，各要素技術については知財化を推進しつつも，いち早くソフトウェア全体のレイアウトを示し非競争領域を定義し，標準化を推進すべきである[1,16]。したがって，植物生理学と数理科学・情報学の融合によって生体計測・制御技術を開発し，植物工場における次世代ソフトウェアを創出していくことが重要であると考えている。

文　　　献

1) 福田弘和，西田泰士，植物工場における体内時計の利用〜次世代ソフトウエアに向けた研究戦略，日本弁理士会パテント誌，**71** (3), 41-52 (2017)
2) 岡山毅，福田弘和，村瀬治比古，植物工場のシステム制御，太陽光植物工場（野口伸，橋本康，村瀬治比古編著，第1部第3章），養賢堂（2012）

3) 農林水産省・経済産業省，農商工連携研究会植物工場ワーキンググループ報告書（2009）
4) 安保正一，福田弘和，和田光生，「植物工場の生産性向上，コスト削減技術とビジネス構築」，シーエムシー出版（2015）
5) 安保正一，和田光生，福田弘和，完全人工光型大規模「グリーンクロックス新世代（GCN）植物工場」の開設，光アライアンス，**27**（6），27-33（2016）
6) 大山克己，北宅善昭，福田弘和，和田光生，増田昇，大阪府立大学における人工光型植物工場の最新の状況とそれを支える研究技術開発，施設と園芸，No.181（2018）
7) Hashimoto Y., Recent strategies of optimal growth regulation by the Speaking Plant Concept, -as the invited lecture at Berlin ISHS sympo-, Acta Horticulturae, **260**：115-122（1989）
8) 高山弘太郎，第2世代のSPAとWageningen，植物環境工学，**26**：8-14（2014）
9) 福田弘和，総説・招待論文：植物工場における概日時計の科学技術，植物環境工学，**30**：1-8（2018）
10) 島津秀雄，神成淳司，ルーラル・ナレッジマネジメント〜学習する産地を目指して，パテント誌，**69**（15），46（2016）
11) Tanigaki Y, Higashi T, Takayama K, Nagano AJ, Honjo MN, Fukuda H. Transcriptome analysis of plant hormone-related tomato（*Solanum lycopersicum*）genes in a sunlight-type plant factory. *PLoS ONE*. **10**：e0143412（2015）
12) Higashi T, Aoki K, Nagano AJ, *et al.*：Circadian Oscillation of the Lettuce Transcriptome under Constant Light and Light-Dark Conditions. *Front. Plant Sci.* **7**：1114（2016）
13) Moriyuki S, Fukuda H. High-throughput growth prediction for *Lactuca sativa* L. seedlings using chlorophyll fluorescence in a plant factory with artificial lighting. *Frontiers in Plant Science.* **7**：394（2016）
14) Higashi T, Tanigaki Y, Takayama K, Nagano AJ, Honjo MN, Fukuda H. Detection of diurnal variation of tomato transcriptome through the molecular timetable method in a sunlight-type plant factory. *Front. PlantSci.* **7**：87（2016）
15) Tanigaki Y, Higashi T, Nagano AJ, Honjo MN, Fukuda H. Transcriptome analysis of a cultivar of green perilla（*Perilla frutescens*）using genetic similarity with other plants via public databases. *Environ. Control Biol.* **55**：77-83（2017）
16) 経済産業省委託調査事業，植物工場産業の新たな事業展開と社会的・経済的意義に関する調査事業報告書（2017）

植物工場の照明技術　編

第12章 温室における補光栽培

福田直也[*]

1 農業生産現場における補光技術

通常の作物生産では，光合成をするための光エネルギーとして，太陽光を利用している。しかしながら，太陽光の強さや光が当たっている時間は，気象条件や季節によって大きく変動する。また，緯度の違いや地形によっても太陽光の受け方は変わってくるだろう。こういった，調整がきかない太陽の「不安定さ」は，作物生産の不安定さに結びつくこととなる。

北欧や北米など冬季の日射が著しく減少する地域では，作物の成長に必要な光の不足を補うための「補光」技術が利用されている。その一方で，我が国の太平洋側では冬の間は晴天日が多いことから，光不足を補うことが目的の「補光」はあまり利用されていない。しかしながら，我が国においても，日本海側など，冬の間に作物生産に必要な日射が不足することから，生産性を高めるために照明技術を施設園芸の現場において導入することが有効な地域もあると考えられる。

2 光合成促進を主目的とした補光の照明方法

北欧や北米などの高緯度地帯では，早くから野菜栽培への補光利用が検討されてきた（表1）。ノルウェーやスウェーデンなどの北欧では，水銀ランプや蛍光灯と白熱ランプによる補光がトマトやレタスなどの野菜の生育促進に効果的であることが判明している[8]。カナダでも，冬季に温室でトマト生産を行う場合補光を行うことが一般的であり，摘果方法や補光の光強度など実用的な補光方法の検討を行っている[5]。このような高緯度地帯では人工光源による補光が野菜の収量増加にもたらす効果は大きく，多くの園芸生産施設において必要不可欠な技術となっている。一方，収量に関する効果だけでなく，補光によってイチゴの収穫期が早まるといった効果も報告されている[9]。

北欧やカナダ等の事例では，トマトやキュウリなど生育に強光強度を要求する作物では，$300 \mu mol\, m^{-2}\, s^{-1}$（光合成有効放射束：PPF）以上の光強度で1日20時間程度補光を実施している（図1）。また，ハーブなどの葉菜類生産の場合，気象条件に合わせて調節を行うものの，平均的に一日当たり16から20時間程度，$200 \mu mol\, m^{-2}\, s^{-1}$ほどの光量で補光を行っている（図2）。

オランダやデンマークなどの国々では，バラ（図3）や，キク，ユリ，フリージア，ベゴニア，

---

[*] Naoya Fukuda 筑波大学 生命環境系 准教授

アグリフォトニクスⅢ

表1 作物別の補光・電照事研究例

作物	目的	光源（z）	光強度(PPF)(y)	補光パターン	効果その他	引用（国名）
トマト	生育促進	HPS	100-150	明期中 明期延長（8：00-24：00）	果実収量が2倍（乾物ベース）	カナダ[5]
トマト	生育促進	蛍光灯	25	明期中 明期延長（6：00-24：00）	果実収量が26％増加	ノルウェー[8]
トマト	果実裂果抑制	冷白色蛍光灯	81.1	夜間補光（1：00-5：00）	ミニトマト裂果を4％まで抑制	日本[15]
イチゴ	開花促進	電球型蛍光灯	0.5<	日長延長（日没1時間前-22：00）	白熱灯よりも小電力	日本[9]
キュウリ	光合成促進	蛍光灯（青色）	30	夜明け前（2時間）	生育増大	日本[10]
レタス	生育促進	HPS, MH	30<	夜間補光（10時間以上）	30-50％収量増加	日本[13]
ツケナ	生育促進	HPS	15<	夜間補光（8時間以上）	20％以上収量増加	日本[3]
ホウレンソウ	生育促進	MH, HPS, 蛍光灯	0.03<	日長延長	11月播種で収穫が20日前進	日本[11]
ホウレンソウ	生育促進	MH, HPS	200	夜間補光（8時間）	収量が2-4倍に増加	日本[17]

z：MHはメタルハライドランプを，HPSは高圧ナトリウムランプを示す。
y：文献中表記がPPFでなかったものについては換算した。

図1 北米におけるトマトへの補光
冬の間は，夕方3時から夜中の12時くらいまで高圧ナトリウムランプによる照明を行っている。

第12章　温室における補光栽培

図2　鉢植えハーブ類の補光栽培
日射が7,000 lx以下になったところで8,000〜15,000 lxの光強度で補光を開始し，季節にもよるが，一日に合計16〜20時間程度補光する。

図3　北欧におけるバラの補光栽培
10,000〜17,000 lxの光強度で一日20時間程度補光を行っている。この農場では，m^2当たり250〜500本のバラを採花している。

アグリフォトニクスⅢ

図4　北欧におけるポインセチアの補光栽培

シクラメン，ポインセチア（図4）など，切り花，鉢花を問わず生産性向上のために補光を行っている。バラの場合，400 W 以上の大型高圧ナトリウムランプを光源として，50〜100 µmol m^{-2} s^{-1} 程度の光で，日射が不足する時期など20時間程度補光を行っている。このような補光により，採花本数を大幅に増やすとともに，切り花ではその重量を2割程度増加させて品質を著しく向上させている。

　一方，我が国では，特に太平洋側では冬季の日射も十分であり，一般的な園芸作物生産に，これまではあまり補光技術の必要性がないとされてきた。例えば，神奈川県での試験結果では，バラに対して補光は顕著な効果を示さず，また，宮城県での事例では，収量の増加と品質向上の効果はみられたものの，設備費や電力料金を含む総合評価では，バラに対する補光は増収効果を持たなかったとされている。しかしながら，冬季間日射が不足する日本海側などの地域では補光の効果は強く，作物によっては十分増収効果が得られることも予想される。

　一方，野菜類については，施設生産における生産性向上技術として，補光栽培に関する技術開発が我が国でも検討されるようになってきている。イチゴの場合では，先述のように，促成栽培での花芽の休眠防止に電照が利用されているが，電照以外に補光の有効性を評価した試験もある[9]（表2）。ここでは，植物育成用高圧ナトリウムランプにより，52 klx（PPF：630 µmol m^{-2} s^{-1} 程度）の光強度で補光を行ったところ，無補光と比べて総収量が70％以上増加したことが報告された。その他にピーマンなどの果菜類に関する補光試験の事例もある。

　太陽光・人工光併用型植物工場では，周年安定生産と生産性向上のために補光が利用されており，レタスやミツバ，ホウレンソウなどの生産でその効果が評価されている。JFEライフ社や

第12章　温室における補光栽培

表2　補光の光量がイチゴ'レッドパール'の収量に及ぼす影響[9]

処理区	総収量（g）	7 g 以上（g）	20 g 以上（g）	1 果実重（g）
無補光	795	669	157	8.4
27 klx	1,089	963	242	9.3
40 klx	1,051	1,407	562	12.5
52 klx	1,360	1,235	390	11.1
lsd0.05[y]	212	246	185	−

z：いずれの数値も株当たりのデータを示す。
y：5％レベルにおける最少有意差を示す。

グリーンズプラント巻社では，高圧ナトリウムランプを使った補光による安定生産が試みられている。例えば，JFE ライフ社の場合，レタスの安定生産ために，昼間に必要とされる日射維持を目的として明期中に補光を行っている。補光だけの効果ではないが，このシステムにより播種後 45 日間でリーフレタスを収穫するという安定生産が可能であるとされている。このような補光の場合，光合成促進の補助光として人工光源を用いている関係で，高出力を期待できる高輝度放電ランプ（HID ランプ）が用いられることが多い。

3　補光における理想的な照明方法とは？

成長速度を，植物体内の乾物量の増大ととらえるのであれば，成長の促進とは，光合成などの機能による同化作用を促進することを意味する。例えば，人工環境下での作物の光要求量は，葉菜類では $100 \sim 300$ µmol m^{-2} s^{-1}，果菜類の場合 $200 \sim 600$ µmol m^{-2} s^{-1}，花卉類は $50 \sim 200$ µmol m^{-2} s^{-1} であるとされている[6]。直接的には，光の強さを増大させて光合成速度を増大させることにより，結果として生育速度を高めることは可能である。しかしながら，この同化作用に伴う成長や作物における可食部の発達は，単純に光照射強度だけで決定されるものではない。

葉菜類の場合，植物体の地上部の成長がそのまま収穫物となるため，植物体の総光合成量と作物としての可食部の成長がほぼ一致する。そのため，各作物の光合成光飽和点に近い光強度とすれば，植物体可食物の成長を最大にできるはずである。加えて，光合成を行う時間（昼間）を延長すれば，更に成長速度は増大することとなる。しかしながら，昼間の時間を過剰に延長させた場合，さまざまな障害が発生することがある。例えば，ツケナやレタスにおいて，24 時間連続で光合成を行わせた場合，過剰に蓄積した糖やデンプンに影響により細胞が壊れてしまうことがある。また，ホウレンソウのような長日植物では，花芽分化を誘導してしまうような長時間の光照射は，茎の伸長反応である抽だいを引き起こし，作物の商品性を失わせてしまうだろう。従って，葉菜類の場合，作物の光周期性に合わせて花芽が誘導されない日長とした上で，障害が発生しない程度の光量を与えることが，作物として成長速度を高めるために理想的な光環境となると言える。

果菜類の場合には，まず花芽誘導を阻害しない光周期を考える必要がある。トマトやナス，ピーマンのように基本的に光周期が花芽の形成に関係がない作物では，あまり考慮する必要はないが，キュウリの華南系品種のように，長日条件では雌花がつきにくいものもある。従って，果菜類では，作物の特徴に合わせて花成誘導が順調に行われる日長を考慮する必要がある。このことに加えて，果実に光合成産物が転流するためには，昼夜のサイクルが必要であるという指摘もある。

花卉類についてはどうだろう。基本的には，植物体の栄養状態を良くするために，葉や茎などの栄養体が成長する時期には十分な強度の光を与える必要がある一方，開花時期を必要以上に早めてしまわない日長を維持することが重要である。加えて，花芽を誘導する時期については，その作物の花成誘導にあった日長を与える必要がある。その後，切り花の場合では，連続して花が発達する光周期条件を維持するとともに，成長を維持するための光合成を行う光量を与えることになる。このように，花卉類については，成長段階に合わせた光環境を与えることが重要である。

4　作物栽培現場で用いられている各種人工光源の特性

補光に実際使われている光源としては，蛍光灯，メタルハライドランプ，高圧ナトリウムランプ等がある（表3）。

植物生産システムにおける理想的な人工光源を考えると，以下のような項目について検討する

表3　作物栽培に利用されている主な光源

	白熱電球	蛍光灯	メタルハライドランプ	高圧ナトリウムランプ	低圧ナトリウムランプ	LED
消費電力（W/ランプ）	75	40	400	360	180	0.04
可視光への変換率（%）	9	20	20	30	35	22
赤外線への変換率（%）	84	40	61	47	5	0
PAR効率（mW/W）	71	151	197	287	295	224
分光特性	連続（赤色大）	連続・白色	連続・白色	連続・橙色	輝線・橙色	単色・赤色
寿命（h）	1,000-2,000	3,000-10,000	8,000-10,000	10,000-12,000	9,000	3,000-100,000
価格	安	安	高	高	高	高
主な用途	キクやシソなどの開花調節	電球型蛍光灯については，イチゴやキクの開花調節。その他に育苗用補光・棚下栽培補光に利用	光合成促進用補光，開花調節など。主に研究用	光合成促進用補光波長分布特性改善型の光源もあり開花調節にも利用	光合成促進用補光	光形態形成調節への利用を検討中

数値は，渡辺[18]，関山[16]の各文献より抜粋ならびに改変した。

第 12 章　温室における補光栽培

ことが必要であろう。①低価格，②少ない熱放射，③長寿命，④高発光効率，⑤高出力，⑥選択可能な放射波長域，⑦小型かつ堅牢，⑧調光可能などである。LED や冷陰極蛍光ランプなどは，その他の光源と比べて，②や③，⑤，⑥，⑦，⑧といった条件を満たしている比較的良好な光源であると言えよう。しかしながら，出力や価格などの点において，一般的に普及可能な状態には至っていない。出力や効率と言った点では，可視半導体レーザー（LD）が期待できるとされている。また，太陽・人工光併用型植物工場の場合，一日のうちどの時間帯に照明するという問題に加えて，上記の項目中，①，③，④，⑤，⑦などの項目が重要視されるだろう。特に⑦の小型かつ堅牢という特性は，天井面などに取り付けた場合に太陽光を遮らないという点で重要である。更に，②の熱放射の問題については，温室の暖房を兼ねる場合には，高圧ナトリウムランプのように発光箇所からの熱放射が有効であるという意見もある。また，トマトなどの群落内で太陽光がうまく当たらない葉に近接照明する補光技術が考えられているが，この場合は LED のように熱を光照射面からあまり放出しないものが望ましいと言えるだろう。

　最近では，蛍光灯でも形態形成や光合成に有効な波長分布特性を備えたものが開発されており，中でも波長分布特性を白熱灯型に調整したものは，電照栽培に利用されるようになった。その他に，メタルハライドランプや高圧ナトリウムランプなどの高輝度放電ランプ（HID ランプ）も植物育成用光源として使用されてきた。特に高圧ナトリウムランプは，照明用ランプとしてはもっとも効率が良いとされており，かつ，赤色や青色域の光を増やしたタイプのものなど，波長分布特性を改善したランプも開発されていることから，開花調節など電照への応用も期待される。また近年，光源として発光ダイオード（LED）の利用も検討されている。

5　LED を利用した補光栽培技術とその可能性

　LED は特定波長域の光を放射し，その際，発光面において熱の放射をほとんど行わないことから，対象物に近接照明できる等の特徴をもつ。波長分布特性の面でも，青色や遠赤色光などさまざまな波長域の光を放射する LED が開発されており，開花など光形態形成調節への応用が期待できる。現時点では，植物育成用光源として LED は高価であるが，特定波長域のみを放射するといった特性を生かし，電照による開花調節などを LED によって効率よく行える可能性がある。また最近は，高出力型の LED 光源が開発されており（図 5），植物工場などでの作物生産に利用可能な LED 型光源の実用化も間近だと考えられる。現時点では，植物栽培用の LED のような光源が，国内外のメーカーによって開発が進められている段階である。基本的には，蛍光灯や LED など熱放射の少ない光源については，植物体への近接照明による光合成の促進が開発の目標となっており，トマトやキュウリなどの群落内部に光源を設置し，太陽光が届きにくいような場所での光合成を促進する補光技術が検討されている（図 6）。

　LED を栽培用光源として利用する場合，その光質について十分検討する必要がある。なぜならば，LED は，基本的には単色に近い波長分布特性を備えている一方で，最近では蛍光体を利

131

アグリフォトニクスⅢ

図5　補光用高出力LED光源

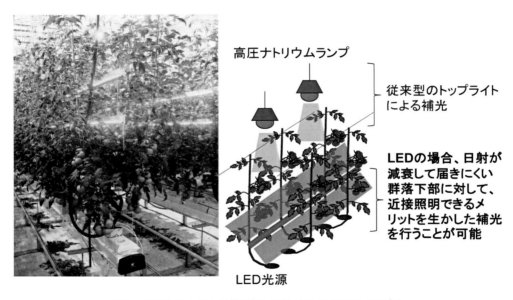

図6　温室内のトマト群落下部への棒型LED光源による補光

用した疑似白色を放射するタイプのものが普及しており，作物の光質応答反応に注意して光源を選ぶ必要があるからである．筆者らの研究では，長寿命でかつ堅牢，光質の選択が可能といったLEDの特徴を生かした補光技術の開発を行っている[2]．LEDとHPSのような従来型光源と補光時の効率に関する比較を行った事例も出ており，光の利用効率としてLEDの方が省エネルギーであるという報告がある[14]．しかしながら，作物によってはHPSの方が効率良く生育促進できる場合もある[7]．更に，HPSの様な光源については，その熱を温室内での暖房用エネルギーとして利用し，群落内のLED補光と群落上部からのHPSによる補光の組み合わせについて検討され

132

第12章 温室における補光栽培

表4 各種LEDによる終夜間照明がレタス，シュンギク，ツケナ類ならびに
ハーブ類の生育および形態形成に及ぼす影響[2]z

作物	LEDの光質y	葉枚数	最大葉長	最大葉幅	主茎長	地上部生体重
レタス	B	0.95	1.41	1.30	1.38	1.79
	G	0.75	0.80	0.91	1.27	0.95
	R	1.18	1.10	1.17	1.04	1.52
	Fr	0.87	1.14	1.21	5.23	1.67
シュンギク	B	1.13	1.08	1.15	1.64	1.23
	G	0.95	1.00	0.98	1.06	1.00
	R	1.12	1.01	1.10	1.39	1.10
	Fr	0.84	1.08	1.03	2.12	0.83
ツケナ類	B	1.05	1.21	1.01	1.38	1.51
	G	1.37	1.85	1.81	1.14	4.75
	R	1.95	2.43	2.47	1.22	12.52
	Fr	枯死	枯死	枯死	枯死	枯死
ハーブ類	B	0.80	0.96	0.82	−	0.76
	G	0.80	1.14	0.99	−	0.87
	R	0.93	1.03	0.94	−	0.76
	Fr	0.79	1.11	1.10	−	0.95

z：数値はいずれも，無処理区を1.0とした相対値で示した。
y：表中のB，G，RならびにFrは，それぞれ青色光，緑色光，赤色光ならびに遠赤色光LED
による終夜間照明処理を示す。

ている[1]。更に，広く葉菜類の生育を促進する技術として，光合成時間の延長を行うことを目的
としたLEDによる夜間連続照明技術がある。これまで，レタスや，シュンギク，ツケナ類，葉
ネギといった代表的葉菜類について，各種LEDによる終夜間連続照明を行ったところ，青や赤
といった波長域を持つLEDによる連続照明により生育が著しく促進されることが示された（表
4）。また，形態的な変化についても検討を行い，赤色LEDを利用した場合，連続照明による徒
長的生長が抑制されることも示唆された。更に，照明の光強度を増加させた場合，光強度依存的
に生育速度が増大した（図7）。このような長時間連続照明を行う補光については，寿命が長い
LEDが適しており，更には，日長延長に伴う形態的な異常を避けるためには，光質の選択が可
能なLEDが望ましいと言えるだろう。また，夜間の補光については，昼間に比べて環境調節が
行いやすく，CO_2の導入やヒートポンプなどによる温度調節を組み合わせることによって補光
の効率を高めて，補光による生育促進効果を更に高めることも可能だろう（図8）。

　今後は，LED素子の進歩により，高出力化や，高効率化，小型化，寿命の延長など実用化が
進むものと期待される。このようなLEDの特性を生かした新しい栽培技術を開発することも期
待される。

アグリフォトニクスⅢ

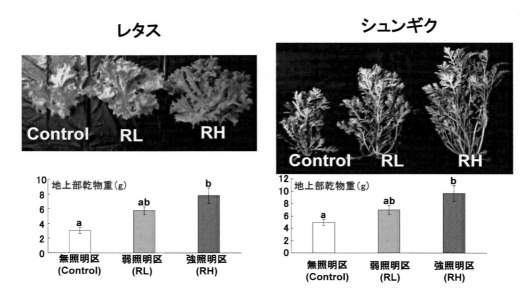

図7　赤色LEDによる終夜間の補光がレタスならびにシュンギクの生育に及ぼす影響
RLは100 μmol m^{-2} s^{-1}, RHは300 μmol m^{-2} s^{-1}の光合成有効放射束により夜間に連続して補光を行った．図中の異なる文字間には，統計的に有意差があることを示す．

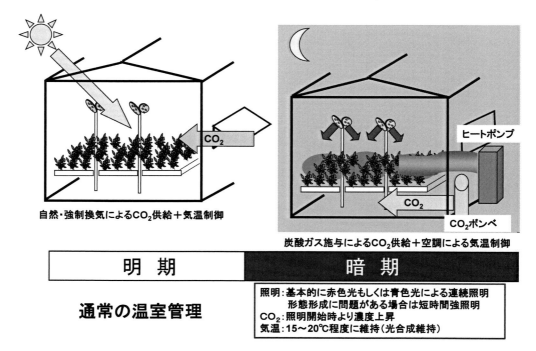

図8　夜間に照明を行う光合成時間帯延長型補光技術に関する環境制御方法

第 12 章　温室における補光栽培

5.1　光質による野菜や花の開花制御

　植物の開花時期を自由に制御することは，現時点では困難である。しかしながら，「フロリゲン」がある種のタンパク質であることが明らかになるとともに，その生理機構が解明されつつある。先に述べたように，花卉類や果菜類では，花成誘導がその生産性を左右することになるが，日長延長を伴う補光の場合，植物によっては，その花成を阻害してしまう恐れがある。これに対して，花成誘導への刺激が少ない波長の LED 素子を補光用光源に使用することにより，花成への影響を避けながら，植物体の光合成を促進して栄養状態を改善できる補光技術につながると考えられる。

5.2　人工光利用による植物の代謝制御

　植物体の硝酸イオン還元作用やビタミン C の代謝にも光は関与していることが知られている。このような光と生理反応の関係を利用した補光・電照による作物の品質コントロールは可能であろう。人体に有害とされる，植物体内の硝酸イオンを還元する酵素活性を補光により高めることや[4]，補光を行った場合レタスなどの葉菜類においてビタミン C 含有量が増加するといった報告もある。また，トマトにおいて果実に対する直接的光照射を行ったところ，果実中に含まれるビタミン C が増加したことも報告されている[12]。カロテノイド類や，ポリフェノール類，アントシアン類に関して，光がその合成酵素を制御し，果実中での蓄積を左右していることが示唆されている。このような植物体内における物質代謝について，色素の合成やビタミン C 合成に光質が関わっていることが指摘されている。このような物質は，葉菜類や果実の品質を左右するものであり，光環境の制御によってその高品質化がはかれる可能性がある。LED による補光によって，特定波長の放射による植物体中の含有成分制御などが可能となった場合，機能性成分の含有量などの調節により，新しい高付加価値をもつ野菜を生産できる可能性がある。

6　おわりに

　我が国において，その効果に対する期待値の低さより，補光技術の実用化はとどまっていた。しかしながら，エネルギー効率の増大や光質の選択が可能となった蛍光灯や LED などの新型光源の出現，更には照明時間などの検討により，新しい栽培技術開発の可能性が出てきたと言えよう。このような補光技術は，園芸施設における生産性を高める切り札とも成り得る技術である。今後の発展を期待したい。

文　　　　献

1) T.A. Dueck *et al.*, *Acta Hort.*, **952**, 335-342 (2012)
2) 福田ほか，園学雑，**10** 別 2，465 (2011)
3) N. Fukuda *et al.*, *Acta Hort.*, **633**, 237-244 (2004)
4) 福田直也ほか，園学雑，**68**，146-151 (1999)
5) A. Gosselin *et al.*, *J. Japan. Soc. Hort. Sci.*, **65**, 595-601 (1996)
6) 後藤英司，人工光源の農林水産分野への応用，p111-114，(社)農業電化協会，東京 (2010)
7) H.R. Gislerod *et al.*, *Acta Hort.*, **956**, 85-98 (2012)
8) G.O. Grimstad, *Scientia Hortic.*, **33**, 189-196 (1987)
9) 長谷川繁樹，野菜生産における光調節技術の現状と展望（平成 10 年度課題別研究会試料），50-55 (1998)
10) 成　日慶ほか，植物工場学会誌，**9**，271-277 (1998)
11) 成松次郎，平成 10 年度農林水産省課題別検討会資料，44-49 (1998)
12) Ntagkas *et al.*, *Acta Hort.*, **1134**, 351-356 (2016)
13) 岡部勝美，電力中央研究所報告，p1-2，電力中央研究所 (1988)
14) T. Ouzounis *et al.*, *Eur. J. Hortic. Sci.*, **83**, 166-172 (2018)
15) 太田勝巳ほか，園学雑，**67**，219-227 (1998)
16) 関山哲雄，電照・補光栽培の実用技術，p199-225，箕原善和編，(社)農業電化協会 (1996)
17) 関山哲雄ほか，電力中央研究所報 485031，1-40 (1987)
18) 渡辺博之，*SHITA REPORT*，**17**，13-22 (2001)

第13章　電照補光による花きの開花調節
―電照によるキクの花成抑制事例を中心に―

久松　完[*]

1　はじめに

　補光は，光合成促進を目的とした補光と生育・開花調節を目的とした補光（以下，電照）とに大別される。電照技術開発の端緒は，1920年のガーナーとアラードによる光周性花成の発見[1]であり，これを機に光周性機構の探究がはじまるとともに日長調節による様々な植物の開花調節技術が開発されてきた。光周性花成研究の成果を社会実装し，その恩恵を存分に享受している産業のひとつが花き産業であろう。花き生産では，周年出荷や需要期出荷のために光周性反応を基礎とした電照による開花調節が普及しており，キクなどの短日植物では開花抑制，シュッコンカスミソウ，トルコギキョウ，カンパニュラ類などの長日植物では開花促進を目的に電照が活用されている。

2　光周性花成反応による分類

　光周性反応は，"日長"，"短日"，"長日"，"限界日長"のように1日のうちの明期の長さを基準にした用語で説明される。光周性花成において，基本的に植物は次の3つに分類される（表1）。
　①短日植物（short-day plant）：日長が短くなると花芽が形成され，開花する植物。
　②長日植物（long-day plant）：日長が長くなると花芽が形成され，開花する植物。
　③中性植物（day-neutral plant）：日長に関係なく花芽が形成され，開花する植物。
　短日・長日植物は，さらに質的（絶対的）な反応を示すものと量的（相対的）な反応を示すも

表1　光周性花成反応での分類

分類	反応	限界日長
短日植物	質的	あり
	量的	なし
長日植物	質的	あり
	量的	なし
中性植物	－	なし

＊　Tamotsu Hisamatsu　（国研）農業・食品産業技術総合研究機構　野菜花き研究部門
　　　　　　　　　　　　花き生産流通研究領域　上級研究員

のに分けられる。ある一定時間以下の日長条件でなければ開花しないものが質的（絶対的）短日植物（qualitative or obligate short-day plant）であり，逆に一定時間以上の日長条件でなければ開花しないものが質的（絶対的）長日植物（qualitative or obligate long-day plant）である。この開花を決定する閾値となる日長を限界日長（critical day-length）という。また，いずれの日長条件下でも開花し限界日長をもたないが，短日条件で開花がより促進されるものを量的（相対的）短日植物（quantitative or facultative short-day plant），長日条件で開花がより促進されるものを量的（相対的）長日植物（quantitative or facultative long-day plant）という。また，花芽形成と花芽発達の限界日長が量的に異なる植物が知られている。キクの場合，花芽発達のための限界日長が花芽形成開始の限界日長よりも短く，限界日長が量的に変化するため，比較的長い日長条件では花芽形成を開始するものの花芽発達が正常に進まず開花に至らない[2]。

3　日長調節の方法

　電照を用いた開花調節は植物の生理反応に基づいて開発されており，植物種に応じた光量（長さと強さ），光質（波長）や処理のタイミングの重要性が指摘されている。日長調節の方法として，長日処理（long-day treatment）と短日処理（short-day treatment）がある。長日処理は，自然日長が短い時期の暗期に人工照明を利用した電照（lighting）による光処理であり，長日植物の花芽誘導や短日植物の開花抑制などに有効である。長日処理の方法には，自然日長を電照によって延長する明期延長（day extension），夜間を継続して電照する終夜照明（continuous lighting），深夜電照（midnight lighting）により暗期を二分する暗期中断，電照の際に短時間の点灯と消灯を繰り返す間欠照明（cyclic lighting）がある。明期延長のうち夜明け前の数時間を電照する方法を早朝電照（pre-dawn lighting）と呼ぶ。植物の種類によっても異なり一概にはいえないが，長日処理時に必要な光量は，光合成に必要な光量に比較すると極めて低い光量で有効である。短日処理は，自然日長が長い時期の夕方あるいは明け方の時間帯に栽培施設の周囲を完全に光を遮光するフィルム資材を使用したカーテン等で覆う暗黒処理（blacking-out）により暗期の時間を延長し，短日条件にする処理であり，短日植物の花成誘導（floral induction）や長日植物の開花抑制などに有効である。この遮光資材を用いて短日処理を行う栽培をシェード栽培と呼ぶ。

　最近，白熱電球や蛍光灯の代替光源としてLED器具に関心が寄せられるとともに光質（波長）に着目した光処理が注目されている。植物において情報としての光は，赤色光（red light；R）領域と遠赤色光（far-red light；FR）領域に吸収極大をもつフィトクロム，青色光（Blue light；B）領域を主に吸収するクリプトクロム，フォトトロピンやFKF/LKP/ZTLファミリーなどの光受容体によって感受され，情報伝達系を通じて光周性反応などを支配している。光周性は日長に応答した反応として整理されてきたが，近年の研究からその背景には種々の光受容体を介した複雑な光質応答機構が存在し，植物種によって異なるしくみが存在していることが明らか

第 13 章　電照補光による花きの開花調節

になりつつある。そのため，対象とする植物種や光処理のターゲットとする形質に適した照射量（強度・照射時間），照射タイミング，使用する光源の分光分布等に留意する必要がある。

4　花成決定の鍵因子：フロリゲンとアンチフロリゲン

多くの研究者によって植物の花を咲かせるしくみについて，100年以上も前から膨大な研究が行われてきた。このうち，GarnerとAllard（1920）による光周性の発見[1]と接ぎ木実験の結果提唱されたChailakhyan（1937）のフロリゲン説[3]は特筆すべきであろう。フロリゲン説とは，花成のおこる光周期条件において植物が葉で日長を感知して花成を誘導するホルモン様物質（フロリゲン）を合成し，それが茎頂部へと長距離移動して花芽分化を誘導するという仮説である。フロリゲンを同定しようとする膨大な生理学的研究の成果と近年の分子遺伝学的研究の進展によってフロリゲン説提唱から70年後の2007年，長日植物シロイヌナズナの*FLOWERING LOCUS T*（*FT*）遺伝子，短日植物イネの*Heading date 3a*（*Hd3a*）遺伝子の翻訳産物，FTタンパク質とHd3aタンパク質が実際の情報伝達物質の正体であることが明らかにされた[4,5]。FT/Hd3aは相同性が高く，フォスファチジルエタノールアミン結合タンパク質（PEBP）ファミリーに属するタンパク質である。他方，フロリゲン説の提唱と同時期から様々な植物で花成に不適当な光周期条件の葉で花成を抑制する物質が合成されていることを示唆する結果が示されてきた。例えばキクの場合[6,7]，茎先端部の日長条件にかかわらず，すべての葉を短日条件におくと花芽分化するが，上位葉を暗期中断すると花芽分化が抑制される（図1）。また，タバコでは，短日条件でも花芽分化する中性系統に長日条件でのみ花芽分化する長日系統を接ぎ木して短日条件で栽培すると中性系統の花芽分化が抑制された[8]。これらのことから，花成非誘導条件の葉で花成

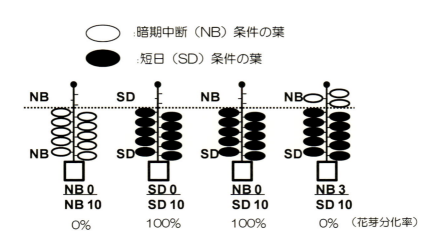

図1　日長感受部位と開花促進物質と抑制物質の存在
（キクを用いた事例　Higuchiら（2013）改変）

抑制物質（アンチフロリゲン）が合成されると想定された。1990 年代にシロイヌナズナにおいて FT と同じ PEBP ファミリーに属する TERMINAL FLOWER 1（TFL1）が花成抑制的に機能することが示された。FT/Hd3a と TFL1 は花成の制御の共通した経路において拮抗的に働くと考えられ，TFL1 をアンチフロリゲンと呼ぶ機運があったが，近距離の細胞間移動を示す[9]ものの，多くの生理学的研究成果で示唆されたアンチフロリゲンの条件を満たすものではなかった。2013 年，二倍体野生ギク（キクタニギク：*Chrysanthemum seticuspe* f. boreale）を実験材料として *Anti-florigenic FT/TFL1 family protein*（*AFT*）遺伝子の翻訳産物，AFT タンパク質が葉から茎頂部へ長距離移動して花成を抑制するアンチフロリゲンの分子実体であることが示された[7]。AFT タンパク質も FT/Hd3a と同じ PEBP ファミリーに属するタンパク質である。

5 ゲート効果

　一日のうち特定の時間だけ環境（光）刺激の影響を受ける転写制御機構をゲート効果といい，体内時計によって調節されていると考えられている。植物は体内時計と光情報の相互作用によって日長を計測している。ここではイネの光周性花成において示された体内時計の働きで一日のうち決まった時間にだけ開く "門（ゲート）" の開閉による日長認識モデル[10]を解説する。イネの光周性花成においては 2 つのゲート機構が存在する。一つ目のゲートは，日長にかかわらず朝方に開いており，ゲートの開いている朝方に光（この場合，青色光が重要）を受けると *Early heading date 1*（*Ehd1*）の発現が誘導され，誘導された Ehd1 タンパク質の作用によりイネのフロリゲン遺伝子 *Hd3a* 遺伝子の発現を促進し開花が誘導される。もうひとつは，開花を抑制する *Grain number, plant height and heading date7*（*Ghd7*）遺伝子の発現量に影響を与えるゲートで生育環境の日長により開く時間帯が異なる。長日条件では朝方に，短日条件では夜中に門が開く。長日条件では，ゲートの開いている朝方の光（この場合，R 光が重要）により *Ghd7* 遺伝子が誘導され，Ghd7 タンパク質の作用で *Ehd1* 遺伝子の発現を抑制し，開花が抑制される。短日条件では門が開いている時間帯が暗期であるため明期の光では *Ghd7* 遺伝子が誘導されないので開花が抑制されない。短日条件での暗期中断による開花抑制は，暗期中断の光により *Ghd7* 遺伝子が誘導されるためと説明することができる。後述するようにキクの光周性花成における日長認識においても，日没（暗期開始）から一定時間後に光感受相が現れるゲート機構が鍵となっている。

6 キクの光周性花成のしくみ

　ここでは，電照による開花調節が最も普及しているキクの光周性花成のしくみについて解説する。自然条件で秋に開花するキクを 24 時間の明暗周期においた場合，明期が暗期より短い日長条件で開花する典型的な短日性を示す。栽培ギクのモデルに位置づけているキクタニギク（*C.*

第13章　電照補光による花きの開花調節

seticuspe f. boreale）では，3種類のFT相同遺伝子（*CsFTL1*，*CsFTL2*，*CsFTL3*）と2種類のTFL1相同遺伝子（*CsTFL1*，*CsAFT*）の存在が確認されている[7,11,12]。これら因子のうち，キクの光周性花成反応では花成のアクセル役の*CsFTL3*とブレーキ役の*CsAFT*の発現調節が鍵となっている（図2）。24時間周期での短日条件では花成のブレーキ役の*CsAFT*遺伝子の発現が抑制され，アクセル役の*CsFTL3*遺伝子の発現が誘導されて花成が引き起こされる（図3）。逆に，長日や暗期中断条件では*CsAFT*遺伝子の発現が誘導され，*CsFTL3*遺伝子の発現が抑制され栄養成長が維持される。ところが24時間以外の明暗周期におくと，明期が暗期より長くて

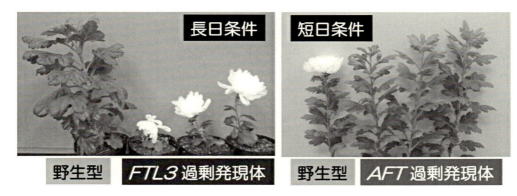

図2　キクのフロリゲンとアンチフロリゲン遺伝子の発見
　フロリゲン遺伝子（*FTL3*）を過剰発現する遺伝子組換え体は，長日条件でも開花する。一方，アンチフロリゲン遺伝子（*AFT*）を過剰発現する遺伝子組換え体は，短日条件でも開花しない。
（Odaら，2012；Higuchiら，2013を改変）

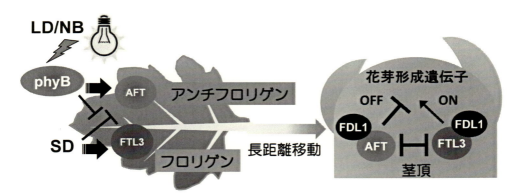

図3　キクのフロリゲンとアンチフロリゲンによる花成のしくみ
　短日（SD）条件では，*FTL3*（フロリゲン）遺伝子の発現誘導および*AFT*（アンチフロリゲン）遺伝子の発現抑制によって花成誘導される。一方，長日（LD）あるいは暗期中断（NB）条件では，短日条件とは逆に*FTL3*遺伝子の発現抑制および*AFT*遺伝子の発現誘導によって栄養生長が維持される。
（Higuchiら，2013を改変）

も十分な長さの暗期があれば花芽分化する（図4）。つまり，キクは十分な長さの暗期があれば，長日条件でも花芽分化できる。非24時間周期での *CsFTL3* と *CsAFT* の発現解析の結果，これら遺伝子の発現調節においても明期と暗期の長さの比でなく，絶対的な暗期の長さを認識していることが示されている[7,11]。なお，キクでは *AFT* 遺伝子以外に花成抑制的に機能する *TFL1* 遺伝子の存在が確認されている[12]。*TFL1* 遺伝子の発現は日長条件にかかわらず茎先端部で高く，葉では非常に低い。キクは日長に応答して葉で合成されるアンチフロリゲン（AFT）と茎頂近傍で恒常的に合成される花成抑制因子（TFL1）による二重の開花抑制機構をもつことが示されている。

電照による花成抑制の鍵の一つ，*AFT* 遺伝子の発現調節について解説する。*AFT* 遺伝子は光刺激があればいつでも発現誘導されるわけでなく，一日のうち特定の時間だけ光刺激の影響を受けるゲート機構が存在する（図5）。*AFT* 遺伝子誘導に関わるゲートは暗期開始から一定時間後に開き，数時間後に閉じる。つまり，暗期開始から一定時間後に光を感知して *AFT* 遺伝子の発現を誘導できる時間帯（光感受相）が現れる[7]。暗期開始から一定時間後に現れる光感受相と花

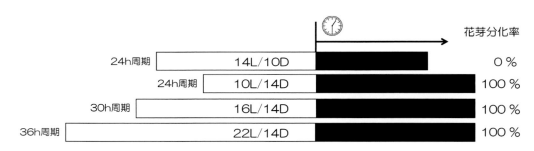

図4　キクは絶対的な暗期の長さを認識して花成を決定する

キクタニギクの事例，24 h 周期では短日性を示す。非24 h 周期では相対的な長日条件にあっても十分な長さの暗期（14 h）が存在すると花芽分化する。このことは，暗期開始のシグナルで始動する体内時計で暗期長を計測して花成を調節するしくみがあることを示唆する。

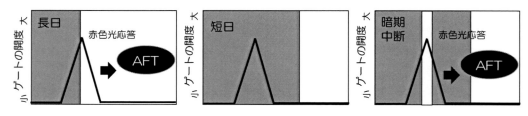

図5　ゲート効果によるキクの AFT 発現制御

概日時計によって調節された AFT のゲートは日長にかかわらず暗期開始から一定時間後に開く。ゲートの開いている時間帯に赤色光を感受して AFT を誘導。短日条件ではゲートの開いている時間帯に光が届かないので AFT は誘導されない。

第13章　電照補光による花きの開花調節

成抑制に効果の高い光照射の時間帯とが一致していることから，十分な長さの暗期があれば花芽分化する現象の鍵のひとつが*AFT*遺伝子の発現調節といえる。つまり，キクは暗期開始からの時間を計測し，特定の時間帯に光（赤色光）が届いているかどうかを葉で感知して日長を認識し，アンチフロリゲンの合成量を調節して開花時期を決めていると考えられる。

　キクの光周性花成における日長認識において，日没（暗期開始）から一定時間後に光感受相が現れるゲート機構の発見は，実際栽培において電照の時間帯を最適化するために重要な基盤となる。異なる限界日長をもつ栽培ギクを供試して電照の時間帯と花成抑制効果の関係を詳細に検討したところ，'神馬'など秋ギク品種では，花成抑制効果の最も高い時間帯は明期の長さに関わらず暗期開始から一定時間後（このケースでは9〜10.5時間後）に現れ，秋ギク品種に比較して限界日長が長い（限界暗期が短い）'岩の白扇'など夏秋ギク品種では，暗期開始から電照効果の高い時間帯までの経過時間が秋ギク品種に比較して短い（このケースでは6.5〜8.5時間後）傾向が示された[13, 14]。このことは体内時計による暗期計測のずれが品種間の限界日長の違いに関与していることを示唆している。また，これら品種が栽培されている時期の日没時間を基準に，日没からの経過時間を考慮してそれぞれの品種の特性に応じた電照時間帯の最適化を図る必要性を示している。

7　キクの暗期中断を認識する光センサー

　キクの暗期中断による花成抑制ではフィトクロムの関与が指摘されてきた[15〜17]。キクの暗期中断による花成抑制は赤色（R）光による抑制効果が高く，その効果はR光照射直後の遠赤色（FR）光照射によって部分的に打ち消されることから，フィトクロムのうちII型フィトクロムの関与が示唆されていた。そこで，キクタニギクの*PHYB*遺伝子に着目し，*PHYB*遺伝子の発現を抑制した形質転換体を用いた解析の結果[7]，*PHYB*遺伝子発現抑制体は暗期中断に低感受となり早期開花した。鍵になる2つの遺伝子の発現を調べると，暗期中断条件下で*PHYB*発現抑制体は野生型に比較して*FTL3*遺伝子の発現が高く，*AFT*遺伝子の発現が低くなっていた。このことからPHYBが暗期中断時にR光を感受し，花成を抑制する主な光センサーであること，暗期中断時にはPHYBを介してフロリゲン合成を抑制し，反対にアンチフロリゲン合成を促進していることが明らかになった。また，LED光源等を用いた解析結果[18, 19]をもとに暗期中断によるキクの花芽分化抑制における分光感度が示されている（図6）。興味深いことに，暗期中断で最も効果の高い波長域がフィトクロム（Pr型）の光吸収ピークの660 nm付近よりも短波長側（600-640 nm）にシフトしている。この原因として，フィトクロムの活性型（Pfr型）と不活性型（Pr型）との光平衡状態（Pfr/Pr＋Pfr）とともに緑色植物の葉に多量に存在するクロロフィルなどの化合物とフィトクロムの光吸収スペクトルが重なることが影響すると考えられる。

　前述のPHYBを介したR光による抑制機構が電照抑制栽培の鍵であることを指示する事例として，キクの暗期中断による花成抑制では典型的なフィトクロム反応，R-FR可逆性（低光量反

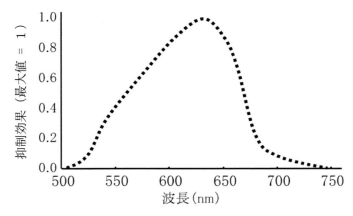

図6　暗期中断によるキクの花成抑制時の分光感度
「キク電照栽培用：光源選定・導入のてびき」より作図。
http://www.naro.affrc.go.jp/publicity_report/publication/laboratory/flower/flower-pamph/052739.html

応）がみられること[7,16,18]．また，白熱電球よりも白色蛍光灯が電照用光源として有効であることが報告[16,17]されている．一方，長時間のFR光単独照射でもキクで花成抑制効果が認められる[16]ことからFR光の影響についても考慮が必要な場合がある．国内の営利生産の場面でFR光を多く含む白熱電球からFR光をほとんど含まない蛍光灯への電照光源の転換が図られる過程で夏秋ギク'岩の白扇'において，白熱電球に比較して蛍光灯では花成抑制効果が劣ると問題になった．'岩の白扇'を供試した5時間照射条件下での実験でR光単独照射よりもR光とFR光の混合照射で花成抑制効果が高まることが確かめられ[19,20]，R光とFR光の混合照射が有効な品種が存在することが示されている．フィトクロムが関与する一見矛盾する反応は照射時間の違いによると推察される．前者は1時間以下の短時間照射で得られた結果であり，後者は4-6時間の比較的長時間の光照射で得られた結果である．このことはphyBに代表される光安定的なII型フィトクロムを介した低光量反応とともにFR光による高照射反応（HIR-FR）など他の要因の関与を示唆する事例であり，今後の機構解明が待たれる．

8　おわりに

最近，LED光源など新光源が施設生産現場レベルで利用できるようになり，営利生産の場面で白熱電球の代替光源として使用される光源（照明器具）の選択肢が広がっている．また，多くの品目で光質に着目した植物の解析が進展している．報告されはじめた光質応答の事例をみると植物の反応は予想以上に複雑である．今後は，これら現象の機構解明とともに，得られる基礎情報を基に生産現場で活用できる効率的な電照技術の開発に繋げることが大きな課題であろう．なお，農業現場でのLED照明器具などの新光源は開発の途上にあり出力，配光性，耐久性など検

第13章　電照補光による花きの開花調節

討すべき課題が残されていることに留意が必要である。実用化に向けて新光源の導入を検討する際には，生産現場が特殊な環境であることを念頭に，照明器具の使用基準を遵守し，安全性を確保することを怠ってはならない。

文　　献

1) Garner, W. W. and H. A. Allard, Effect of the relative length of day and night and other factors of the environment on growth and reproduction in plants. *J. Agric. Res.*, **18**：553-606（1920）

2) 小田　篤ら，7月・8月咲きコギクの花芽分化・発達における日長反応の品種間差。園学研，**9**：93-98（2010）

3) Chailakhyan, M. K. and A. D. Krikorian. Forty years of research on the hormonal basis of plant development −some personal reflections. *Bot. Rev.*, **41**：1-29（1975）

4) Corbesier, L. *et al.*, FT protein movement contributes to long−distance signaling in floral induction of Arabidopsis. *Science*, **316**：1030-1033（2007）

5) Tamaki, S. *et al.*, Hd3a protein is a mobile flowering signal in rice. *Science*, **316**, 1033-1036（2007）

6) Tanaka, T. Studies on the regulation of Chrysanthemum flowering with special reference to plant regulators I. The inhibiting action of non−induced leaves on floral stimulus. *J. Japan. Soc. Hort. Sci.*, **36**：339-347（1967）

7) Higuchi, Y. *et al.*, The gated induction system of a systemic floral inhibitor, antiflorigen, determines obligate short-day flowering in chrysanthemums. *Proc. Natl. Acad. Sci. U S A.*, **110**：17137-17142（2013）

8) Lang, A. *et al.*, Promotion and inhibition of flower formation in a day neutral plant in grafts with a short-day plant and a long-day plant. *Proc. Natl. Acad. Sci. USA.*, **74**：2412-2416（1977）

9) Conti, L. and D. Bradley. TERMINAL FLOWER 1 Is a Mobile Signal Controlling Arabidopsis Architecture. *Plant Cell*, **19**：767-778（2007）

10) Itoh, H. *et al.*, A pair of floral regulators sets critical day length for Hd3a florigen expression in rice. *Nat. Genet.*, **42**：635-638（2010）

11) Oda, A. *et al.*, CsFTL3, a chrysanthemum FLOWERING LOCUS T-like gene, is a key regulator of photoperiodic flowering in chrysanthemums. *J. Exp. Bot.*, **63**：1461-1477（2012）

12) Higuchi and Hisamatsu CsTFL1, a constitutive local repressor of flowering, modulates floral initiation by antagonising florigen complex activity in chrysanthemum. *Plant Sci.*, **237**：1-7（2015）

13) 白山竜次・郡山啓作，キクの電照栽培における暗期中断電照時間帯が花芽分化抑制に及ぼ

アグリフォトニクスⅢ

す影響。園学研，**12**：427-432（2013）

14) 白山竜次・郡山啓作，キクにおける限界日長と花芽分化抑制に効果の高い暗期中断の時間帯との関係。園学研，**13**：357-363（2014）

15) Cathey, H. M. and H. A. Borthwick. Photoreversibility of floral initiation in Chrysanthemum. *Bot. Gaz.*, **119**：71-76（1957）

16) Cathey, H. M. and H. A. Borthwick. Significance of dark reversion of phytochrome in flowering of Chrysanthemum morifolium. *Bot. Gaz.*, **125**：232-236（1964）

17) Borthwick, H. A. and H. M. Cathey. Role of phytochrome in control of flowering of Chrysanthemum. *Bot. Gaz.*, **123**：155-162（1962）

18) Sumitomo, K. *et al.*, Spectral sensitivity of flowering and FT-like gene expression in response to night-break light treatments in chrysanthemum cultivar, 'Reagan'. *J. Hort. Sci. & Biotech.*, **87**：461-469（2012）

19) 白山竜次・永吉実孝，キクの花芽分化抑制における暗期中断電照の波長の影響。園学研，**12**：173-178（2013）

20) 白山竜次ら，キクの暗期中断における R 光および R＋FR 光が花芽分化抑制に及ぼす影響。**15**：417-424（2016）

第14章　矩形パルス光照射がレタス個葉の純光合成速度に及ぼす影響

地子智浩[*1]，富士原和宏[*2]

1　はじめに

　光植物学研究で利用されるパルス光は，もっぱら矩形パルス光である（以後，単にパルス光；図1）。当初パルス光はとくに光合成の基礎研究に利用されてきた。例えば，光合成には光を必要とする過程（電子伝達系）と必要としない過程（カルビン-ベンソン回路）があることは，パルス光下の純光合成速度の測定結果[1]に基づいて示唆された。他方，パルス光は応用研究にも利用されてきた。人工光を用いた藻類の培養[2]および高等植物の栽培[3]において，パルス光を用いることで連続光と比較して成長促進が期待できると考えた研究者によって多くの研究がなされている。しかし，そのほとんどの研究報告は，パルス光は連続光と比較して藻類および高等植物の純光合成速度を高めないとしている[4]。本稿では，主要な研究報告を紹介しながら，パルス光が高等植物の純光合成速度に及ぼす影響およびその機構を，レタス個葉を供試植物とした研究成果に基づいて解説したい。

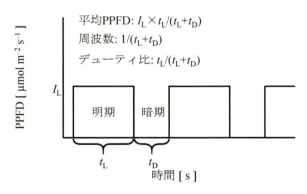

図1　パルス光の PPFD 変化波形およびパラメータ

[*1]　Tomohiro Jishi　（一財）電力中央研究所　エネルギーイノベーション創発センター
　　　カスタマーサービスユニット　研究員
[*2]　Kazuhiro Fujiwara　東京大学　大学院農学生命科学研究科　教授

アグリフォトニクスⅢ

2 パルス光照射実験手法

2.1 パルス光作出手法

古くは，ネオンランプおよび発振回路を用いてパルス光を作出した[1]。レーザーダイオードおよびLEDは十分に小さい時間遅れで点滅させることが可能であり，近年のパルス光に関する研究では光源としてとくにLEDが用いられることが多い。ただし，LEDを用いる場合でも電気回路での遅れが原因で，パルス波形を矩形にしようとしてもそうならない場合がある。パルス波形を確認するには，応答速度の大きいフォトダイオード等の受光センサとオシロスコープを用いて，受光面での相対光量子束密度の時間変化を調べることになる。また，応答速度の大きいフォトダイオードと同時に光合成有効光量子束密度（以後，PPFD）計を用いて，LED光源への供給電流と受光面での相対光量子束密度とPPFDの関係を測定しておくことで，受光面の平均PPFDを正確に測定できる[5]。市販のPPFD計では，10 Hz程度の低い周波数のパルス光下では読み取り器の表示が安定せず正確な値を読み取ることができない。また，10〜100 Hz以上の高い周波数のパルス光下では，回路の遅れにより平均化されたPPFDの値を表示するが，正確な測定のためには上述のように応答速度の大きいセンサおよびオシロスコープ等を使う方法が望ましい。

2.2 純光合成速度測定手法

とくに高等植物の純光合成速度測定では，開放型同化箱を用いてCO_2吸収速度を測定する場合が多い。他方，酸素電極を用いてO_2発生速度を測定する場合もある。クロレラ[1]，キュウリ[6]，トマト[7]，レタス[8]を対象とした純光合成速度測定では，酸素電極を用いている例もある。

3 パルス光下の光合成

3.1 連続光下の純光合成速度に基づく計算

一般にPPFD–純光合成速度曲線は上に凸の曲線となり，PPFDが高いほど光利用効率（PPFDあたりの「総」光合成速度）は低くなる（図2）。これを踏まえると，平均PPFDの等しい連続光とパルス光の比較においてはパルス光下で純光合成速度が低くなると計算できる。たとえば，平均PPFDが$100\ \mu mol\ m^{-2}\ s^{-1}$の連続光，デューティ比が50％および25％のパルス光（図3）の純光合成速度を図2に基づいて計算すると，連続光では$4.4\ \mu molCO_2\ m^{-2}\ s^{-1}$となる。デューティ比50％のパルス光では，1周期のうちの50％の時間は明期PPFD $200\ \mu mol\ m^{-2}\ s^{-1}$で照射されるために純光合成速度が$8.0\ \mu molCO_2\ m^{-2}\ s^{-1}$，残りの50％の時間は暗期であるため$-1.8\ \mu molCO_2\ m^{-2}\ s^{-1}$として計算すると$8.0 \times 0.5 + (-1.4) \times 0.5 = 3.3\ \mu molCO_2\ m^{-2}\ s^{-1}$となる。同様にデューティ比25％では$9.6 \times 0.25 + (-1.4) \times 0.75 = 1.35\ \mu molCO_2\ m^{-2}\ s^{-1}$と計算される。このように，連続光下のPPFD–純光合成速度曲線に基づいて計算すると，純光合成速度はデュー

第 14 章　矩形パルス光照射がレタス個葉の純光合成速度に及ぼす影響

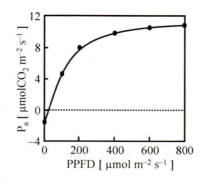

図2　コスレタス葉の白色 LED 連続光下の
PPFD-純光合成速度（P_n）曲線[13]

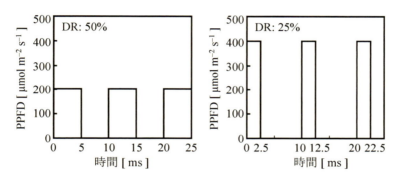

図3　デューティ比（DR）が 50 および 25% のパルス光の PPFD 時間変化波形
平均 PPFD：100 μmol m^{-2} s^{-1}，周波数：100 Hz

ティ比が低いほど低くなり，その程度は周波数の影響を受けないと算出される。しかし，レタスを対象に実測した結果ではパルス光下の純光合成速度は周波数の影響を受け，また上記の計算方法で算出した値より高くなる[7]。この計算値と実測値の相違は光合成中間代謝産物のプールによるものであると考えられている。

3.2　光合成中間代謝産物の生産と蓄積

　光合成は，光エネルギーを使った水の酸化により得られた還元力およびエネルギーを用いてNADPH（ニコチンアミドアデニンジヌクレオチドリン酸）などの光合成中間代謝産物（以後，単に中間代謝産物）を生産し，それらの中間代謝産物を用いてカルビン-ベンソン回路で CO_2 固定を行うプロセスである。カルビン-ベンソン回路の反応は光を必要としないため，パルス光下では，明期に生産・蓄積された中間代謝産物を利用して暗期にもカルビン-ベンソン回路の反応は進行していると考えられている[9]。

3. 3 光合成中間代謝産物とLightfleck（陽斑）下の光合成

明期に生産・蓄積した中間代謝産物を利用して暗期にCO_2固定が行われていることを直接的に示した研究がある。Kirschbaum and Pearcy[10]は数十秒の強光照射中および照射後の葉のO_2放出速度およびCO_2吸収速度の時間変化を測定し，O_2放出速度は強光照射開始後すぐに上昇し強光照射停止後すぐに低下したのに対して，CO_2吸収速度は強光照射開始後数秒かけて緩やかに上昇し強光照射停止後も緩やかに低下することを示した。これも光合成中間代謝産物の蓄積と消費から説明されている。つまり，水から酸素と中間代謝産物を生産する反応は光化学反応であり，光環境の変化に対して時間遅れが小さいが，CO_2固定反応は中間代謝産物を利用した反応であるので，その速度は中間代謝産物濃度の上昇に応じて緩やかに上昇し，強光照射停止後も蓄積された中間代謝産物を消費しきるまで続くことになる。

このO_2放出速度およびCO_2吸収速度の時間変化は，モデルにより定量的な説明が与えられている。Gross et al.[11]はRuBPやグリコール酸回路の中間代謝産物蓄積量の時間変化を推定するモデルを作成した。Kirschbaum et al.[12]はGross et al.のモデルに加えてルビスコ活性およびRuBP再生速度の時間変化をも組み込んだモデルを作成し，同様にO_2放出速度およびCO_2吸収速度の時間変化を説明した。

これらの研究は陰性植物に対するLightfleck（陽斑）の影響に注目して行われたものである。Lightfleckとは，群落低層に上層の植物の隙間から到達した直達光，つまり木漏れ日である。群落低層の植物は上層の植物に太陽光を遮られているが，太陽光の角度の変化や上層植物が風で動くことなどによって，ときおり強い直達光を受ける。陰生植物はLightfleckの光エネルギーを効率的に光合成に用いるために蓄積可能な中間代謝産物の量（プールサイズ）が多いことが示唆されている[13]。

3. 4 パルス光下の光利用効率

パルス光下では，明期に中間代謝産物を生産・蓄積し，暗期にそれらを用いてカルビン–ベンソン回路の反応が起きていると考えられる。Emerson and Arnold[1]は懸濁培養中のクロレラにパルス光を照射し，明期PPFDおよび周波数が一定の条件ではデューティ比が低いほど光利用効率が高いと報告した。これはデューティ比が低い（＝暗期が長い）ほど暗期の間の中間代謝産物を利用したCO_2固定量が大きいためであると考えられる。

Tennessen et al.[7]はトマト葉にパルス光を照射し，平均PPFDが一定の条件では周波数が低いほど純光合成速度が低いと報告した。また，高い周波数ではパルス光下の純光合成速度が連続光下のそれと同程度になり，光利用効率は2.1で示した方法で計算した値と比較して最大で27倍であったと報告している。高い周波数のパルス光下では明期が短いために，明期の間に中間代謝産物が飽和しなかったために光利用効率が高かったと考えられる（4.1で詳述）。

第14章　矩形パルス光照射がレタス個葉の純光合成速度に及ぼす影響

3.5　パルス光下の個葉光合成モデル

　筆者らはLightfleck下のモデル[12]を利用してパルス光下の純光合成速度推定モデル[5]を作成した。モデルへの入力変数は平均PPFD，周波数，およびデューティ比であり，出力は平均純光合成速度である。中間代謝産物蓄積量の時間変化が一定の繰り返しになる状況を仮定する手法により，CO_2吸収速度の時間変化の測定を必要とせず，パルス光下の平均純光合成速度を測定するのみで中間代謝産物のプールサイズなど個葉の光合成関連パラメータを推定可能なモデルである。本モデルにより，パルス光の平均PPFD，周波数，およびデューティ比が純光合成速度に及ぼす影響およびそれらの交互作用を推定した（図4）。パルス光下の純光合成速度は連続光下のそれより大きくなることはなく，周波数およびデューティ比が低くなるほど純光合成速度は低くなると推定された。また，周波数が100Hz以上のパルス光下では連続光下と同程度の純光合成速度になると推定された。

　ただし，本モデルは簡略化のために，一種類の中間代謝産物がエネルギーのプールの役割をしていると仮定し，複数のプールを統合して一つのプールと見なしている。また，酵素活性の時間変化等を無視している。実際，周波数が低いパルス光ではモデル推定値と実測値に10%程度のずれが生じる場合があった。複数の中間代謝産物のプールを考慮し，より多くのパラメータを持つモデルを作成することで，より正確にパルス光下の純光合成速度を推定できる可能性がある。また，そのようなモデル作成の試みは光合成反応を構成する複数の光合成中間代謝産物のプールサイズおよび反応速度の解明に貢献すると考える。

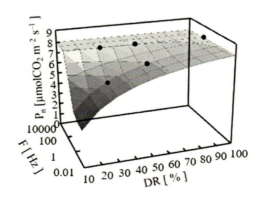

図4　パルス光の周波数（F）およびデューティ比
　　（DR）がコスレタス葉の純光合成速度（P_n）
　　に及ぼす影響のシミュレーション結果[5]
　　　●：実測値

4 パルス光が純光合成速度に及ぼす影響

4.1 パルス光下のコスレタス葉の純光合成速度

白色 LED パルス光下の純光合成速度を実測した結果（図5）は上述のモデルでの推定結果とほぼ一致していた[14]。100 Hz 以上の周波数のパルス光下では，平均 PPFD およびデューティ比によらず，純光合成速度は平均 PPFD の等しい連続光下と同程度であった。明期に蓄積され暗期に消費される中間代謝産物の量に対してプールサイズが十分に大きいために，高周波数のパルス光下では中間代謝産物蓄積量が大きく変動せず，連続光下と同程度でほぼ一定になると推定された。そのため，高周波数のパルス光下では光が断続的であっても CO_2 固定は連続光下と同様に間断なく進行していたと考えられる（図6）。

他方，周波数が 10 Hz 以下では，周波数が低いほどパルス光下の純光合成速度は低かった（図5）。1周期が長いと明期の途中で中間代謝産物蓄積量が飽和するために純光合成速度は一定の値で飽和し，また，暗期の途中で蓄積された中間代謝産物の大部分を消費して光合成反応がほぼ停止すると推定された。（図6）。この明期における中間代謝産物蓄積量の飽和による光利用効率の低下がパルス光下での純光合成速度の低下の原因であると考える。また，周波数低下に伴う純光合成速度低下の度合いは，明期 PPFD が高いほど大きかった（図5）。明期 PPFD が高いほど，中間代謝産物蓄積量の飽和後の光利用効率が低かったためであると考える。その結果として，同じ平均 PPFD の条件で比較すると，デューティ比が低いほど周波数低下に伴う純光合成速度低下の度合いが大きくなる[15]と考える。

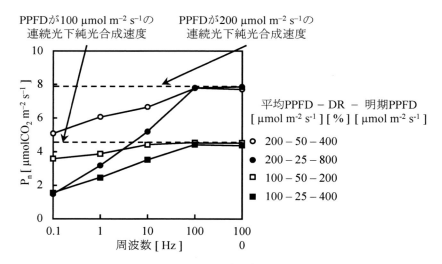

図5 平均 PPFD が 100 または 200 μmol m^{-2} s^{-1}，デューティ比（DR）が 25% または 50% の白色 LED パルス光下のコスレタス葉の周波数-純光合成速度（P_n）曲線（実線）および PPFD が 100 または 200 μmol m^{-2} s^{-1} の白色 LED 連続光下の純光合成速度（破線）[13]

第14章　矩形パルス光照射がレタス個葉の純光合成速度に及ぼす影響

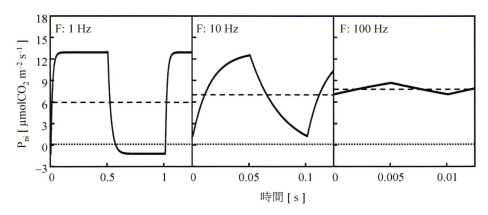

図6　平均PPFDが200 µmol m^{-2} s^{-1}，デューティ比が50%かつ周波数（F）が1，10または100 Hzのパルス光下の瞬間純光合成速度（P$_{ni}$）の推定時間変化（実線）および推定平均純光合成速度（破線）[13]

4.2　パルス光下のコスレタス以外の植物の純光合成速度

多くの文献でパルス光下の純光合成速度は連続光下のそれと同程度または低いと報告されている。Sager and Giger[4]はパルス光下の純光合成速度を測定した研究報告20報を精査し，一つの報告[6]を除いてはパルス光下の純光合成速度が平均PPFDの等しい連続光下と比較して高かったこと示している報告は存在しないことを明らかにした。Nedbal et al.[15]は周波数が100 Hz程度のパルス光で藻類を培養した結果，平均PPFDの等しい連続光下と比較して成長が促進されたと報告したが，成長促進の要因は純光合成速度が大きくなったためではないと説明している。

4.3　パルス光下/連続光下の植物の純光合成速度比較と植物栽培へのパルス光利用

多くの文献で明期PPFDが等しい条件の比較（図7の左と中央）で，パルス光下での光利用効率が連続光下のそれよりも高かったとしている。しかし，これは平均PPFDが低ければ光利用効率が高いということを示しているに過ぎず，PPFD-純光合成速度曲線の形を思い起こせば，当然のこととも言える。この比較においては「パルス光と連続光の比較」および「平均PPFDの異なる光の比較」の両方の要素が含まれている。平均PPFDを下げて光利用効率を高めたとしても成長速度の絶対値が小さいために栽培期間が長くなり，設備占有時間，人件費等を考慮するとコストは高くなる可能性がある。つまり，明期PPFDが等しい条件でパルス光下での光利用効率が連続光下のそれよりも高かったとしても，植物栽培にパルス光を利用することで成長促進が可能であると考えるのは誤りであり，同様にコスト削減が可能であると考えることも誤りである。

　植物栽培へのパルス光利用の効果を調べる目的でパルス光と連続光を比較する際には，平均PPFDが等しい条件（図7の中央と右）で純光合成速度を比較しなければならない。しかしなが

アグリフォトニクスIII

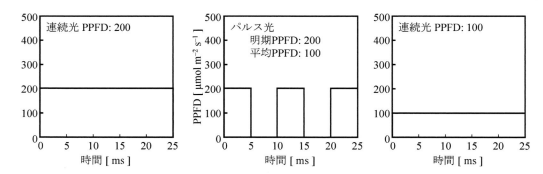

図7 平均PPFDが200 µmol m^{-2} s^{-1}の連続光，平均PPFDが100 µmol m^{-2} s^{-1}かつデューティ比が50%のパルス光，および平均PPFDが100 µmol m^{-2} s^{-1}の連続光のPPFD時間変化波形

ら，すでに上述した通り，平均PPFDの等しい条件ではパルス光下の純光合成速度が連続光下のそれより高くなることは，現在の光合成に関する理解からは考えられない。筆者らは同様の指摘[16~19]を以前から行っているところである。また，LEDの出力に関する電気的特性からして，等しい平均PPFDを実現するためにはパルス光の方がより大きな電力を必要とするので，植物栽培にはパルス光は一層不利であることも指摘しておきたい。

5 人工光植物栽培における調光としてのパルス光利用

上述の通り，純光合成速度を高める目的でパルス光を用いる意味はないと考える。これとは別に，調光を目的としてパルス光が利用されることがある。連続光におけるPPFDを調節するのではなく，明期の光束を一定としたパルス光のデューティ比を調節することで平均光束を調節するPWM調光は，回路が比較的簡単で十分に高精度な出力制御が可能という理由からLED一般照明用に広く用いられている。人工光植物栽培においてこのPWM調光を用いる際には，純光合成速度の低下を防ぐために周波数を100 Hz以上にするべきであろう（図4）。一般照明用のPWM調光はヒトが点滅を認識できないように一般的に100 Hz以上にしている。そのため，一般照明用のPWM調光装置をそのまま植物栽培用に利用することは問題ないと考える。

また，パルス光が栽培中に形態形成，光合成系に影響を及ぼし，結果として長期的に栽培した場合の成長速度が高くなる可能性はある[15]。パルス光で栽培することにより，たとえば熱放散能力が高く強光ストレスに強い苗が生産可能になるなど，付加価値を追加可能である可能性もある。人工光植物栽培へのパルス光利用を検討する際には，パルス光を用いて植物の栽培実験を行う今後の研究の結果を考慮する必要があると考える。

第 14 章　矩形パルス光照射がレタス個葉の純光合成速度に及ぼす影響

文　　献

1)　R. Emerson and W. Arnold, *J. Gen. Physiol.*, **15**, 391–420 (1932)
2)　S. Abu-Ghosh *et al.*, *Bioresour. Technol.*, **203**, 357–363 (2016)
3)　M. Kanechi *et al.*, *Acta Hortic.*, **1134**, 207–214 (2016)
4)　J. C. Sager and W. Giger, *Agric. Meteorol.*, **22** (3–4), 289–302 (1980)
5)　T. Jishi *et al.*, *Photosynth. Res.*, **124** (1), 107–116 (2015)
6)　H. H. Klueter *et al.*, *Trans. ASAE*, **23** (2), 437–442 (1980)
7)　D. J. Tennessen *et al.*, *Photosynth. Res.*, **44** (3), 261–269 (1995)
8)　T. Jishi *et al.*, *J. light Visual Environ.*, **36** (3), 88–93 (2012)
9)　E. I. Rabinowitch, *Photosynthesis*, *Soil Science* 2 (1951)
10)　M. U. F. Kirschbaum and R. W. Pearcy, *Planta*, **174** (4), 527–533 (1988)
11)　L. J. Gross *et al.*, *Plant Cell Environ.*, **14**, 881–893 (1991)
12)　M. U. G. Kirschbaum *et al.*, *Planta*, **204** (1), 16–26 (1998)
13)　T. D. Sharkey *et al.*, *Plant Physiol.*, **82** (4), 1063–1068 (1986)
14)　T. Jishi *et al.*, *Photosynth. Res.*, **136** (3), 371–378 (2018)
15)　L. Nedbal *et al.*, *J. Appl. Phycol.*, **8**, 325–333 (1996)
16)　富士原和宏, 冷凍, **88** (1025), p.23–28. (2013)
17)　富士原和宏, 「植物工場経営の重要課題と対策」, 情報機構, p.127–136 (2014)
18)　K. Fujiwara, In: Kozai, T. *et al.* (eds.) Plant Factory: An indoor vertical farming system for efficient quality food production, Academic Press, London, UK, p.118–128 (2015)
19)　K. Fujiwara, In: Kozai, T. *et al.* (eds.) LED Lighting for Urban Agriculture, Springer Science + Business Media Singapore, p.377–394 (2016)

第15章 分光分布制御型 LED 人工太陽光光源システム

富士原和宏[*]

1 はじめに

　自然環境下での実用的な植物生産あるいは植物利用型の物質生産に応用可能な知見を得ようとすると，自然環境に近い分光分布（spectral power distribution）の光を用いた研究が不可欠である。そしてそのためには，種々の分光分布の光を作出可能で，しかも異なる分光分布の光を短い時間間隔で連続して作出可能な光源システムが必要となる。また，そのような光源システムは，LED のような狭波長範囲の光を照射する発光素子を，作出しようとする波長範囲をカバーするのに必要な種類分用意することで製作できる。

　そこで筆者らは，光植物学研究で取り扱われる波長範囲について地表面における太陽光（以後，単に太陽光）の分光分布に近い光を作出可能であり，また異なる分光分布の光を短い時間間隔で連続して作出可能な LED 人工光源システムの開発を 2002 年後半に着手した（2002 年 11 月に特許出願[1]）。2004 年には第 1 号機を試作し，2005 年には第 2 号機[2]，2006 年には第 3 号機[3]を開発した。第 3 号機[3]は，400〜900 nm の波長範囲について太陽光の相対分光分布に近似した光を作出可能で，かつ限定的ではあるが異なる分光分布の光を短い時間間隔で連続して作出可能なものであった。しかしながら，直径 30 mm の被照射面積に対して得られる放射照度は，上記の波長範囲について快晴時の太陽光のそれの 1/20 程度（約 25 W m^{-2}）と小さかった。その後，380〜940 nm の波長範囲について放射照度として 111 W m^{-2} を実現した第 4 号機[4]，さらに簡易システム版として開発したマニュアル制御型の第 5 号機[5]を発表した。そして，2013 年には 380〜940 nm の波長範囲について，快晴時の太陽光の放射照度（約 500 W m^{-2}）を実現可能で，かつ光源システムの操作性および制御性をも格段に向上させた第 6 号機（第 2 世代光源システム）[6]を開発した。第 6 号機は，苗などの小さな植物個体あるいは個葉を対象とすることに限定すれば，光植物学研究[7,8]に十分利用可能な光源システムとなった。

　現在も改良を加え続けてはいるが，本稿では 2013 年時点の LED 人工太陽光光源システム[6]の概要ついて紹介する。

---

　[*]　Kazuhiro Fujiwara　東京大学　大学院農学生命科学研究科　教授

第15章　分光分布制御型 LED 人工太陽光光源システム

2　ハードウェア構成

　LED 人工太陽光光源システム（以後，単に光源システム）のハードウェアは，光源ユニット，LED モジュール温度制御システム，および分光分布制御システムから成る（図1，2）。なお，光源ユニットは設定気温 20℃のグロースチャンバ内に設置している。

　光源ユニットは，プリント基板上にピーク波長が 385〜910 nm の範囲内にある異なる 32 種類の（径 3 mm）砲弾型 LED 625 個を設置した LED モジュール（後に詳述する）に，内外面を銀メッキしたステンレス製のメガホンタイプの集光混光筒を取り付けたものである（図3）。

　LED モジュール温度制御システムは，LED モジュールの背面温度を 20℃一定に制御（冷却）し，点灯時の LED チップの温度を一定に維持するための仕組みであり，ペルチェ冷却ユニット，PID（Proportional Integral Differential）制御器，および直流電源装置から成る。

　分光分布制御システムは，ピーク波長の異なる 32 種類の LED をそれぞれ独立して電圧制御するための 32 台の直流電源装置，直流電源制御器（本体 1 台および拡張ユニット 3 台），およびノート型パーソナルコンピュータ（以後，PC）から成る。光源ユニットの光照射口における分光放射照度分布（spectral irradiance distribution；以後，SID）の制御は，後述する方法で予め決定しておいた各ピーク波長 LED への印加電圧の値を PC のシリアルポート経由で直流電源制御器に送ることで行う。それにより，32 台の直流電源装置から予め決定しておいた印加電圧を対応するピーク波長 LED にそれぞれ印加する。

　電圧制御を採用しているのは，本光源システムで用いている直流電源装置の最小電圧分解能に

図1　LED 人工太陽光光源システム[6)]

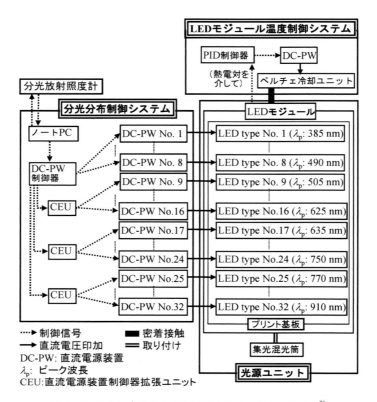

図2 LED人工太陽光光源システムのハードウェア構成[6]

対応するLED出力の変化量が最小電流分解能に対応するそれよりも小さいことに加えて，LEDモジュールの背面温度を20℃一定に制御しているため電圧制御であってもLED出力の再現性を十分に確保できるからである。

3 LEDモジュールの概要

LEDモジュールのプリント基板は，直径180 mmの円形で，その中央部分の直径130 mmの円内に625個のLED（表1）を配置する形状の複層板である。625個のLEDは，6つの扇形から成るように見える形状に設置され，一つ飛びの位置の扇形内の各ピーク波長LEDの配置は同じ，すなわち2パターンの扇形のLED配置3つずつで1つの円形配置を構成している（図4）。

プリント基板への各ピーク波長LEDの設置個数「比」および設置位置の決定は次のように行った。すなわち，LEDモジュールの各LEDにそれぞれの標準順電圧を印加したときに得られる光照射口におけるSIDの曲線形状が，太陽電池評価用の基準太陽光（以後，単に基準太陽光）のSID（JIS C 8904-3：2011）曲線を平滑化（±10 nm移動平均）したものの形状に大略近く，かつ波長範囲385～910 nmについては基準太陽光のSIDをほぼ上回るようにした（図5）。詳細

第 15 章　分光分布制御型 LED 人工太陽光光源システム

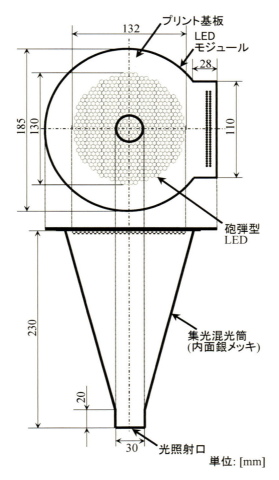

図 3　LED 人工太陽光光源システムの光源ユニットの概形[6]

については Fujiwara *et al.* (2013)[6] を参照されたい。

なお，LED 設置面側のプリント基板表面には非導電性の高反射率シートを貼り，LED からの照射光が光照射口に到達する割合を高めている。

4　任意の分光放射照度分布（SID）の光の作出法

任意（本光源システムでは 380～940 nm の波長範囲内）の SID の光を光照射口において実現する方法は次の通りである。まず，作出目標とする光の SID（以後，単に目標光 SID）を作出できるように，32 種類のピーク波長 LED への印加電圧をそれぞれ決定する。そして，その 32 の印加電圧を対応するピーク波長 LED にそれぞれ印加することで実現する。

アグリフォトニクスⅢ

表1 LED モジュールに用いた各ピーク波長 LED のピーク波長（PW），型番（MC），直列接続数（NSC），並列接続数（NPC），総数（NT），標準印加電圧（V_F），および標準順電流（I_F）[6]

PW [nm]	MC	NSC	NPC	NT	V_F [V]	I_F [mA]
385	L385R-33*	9	1	9	30.6	20
395	L395R-33*	5	3	15	17.3	60
420	L420R-33*	4	3	12	13.2	60
430	L430R-33*	9	1	9	52.2	20
450	L450-33*	5	3	15	16.9	60
460	HBL3-3S55-LE**	4	3	12	12.2	60
470	L470-33V*	9	1	9	29.8	20
490	L490-33*	7	3	21	22.5	60
505	L505-33*	9	1	9	31.8	20
525	L525-33V*	7	3	21	25.0	60
545	L545-33*	7	3	21	26.0	60
565	L565-33U*	12	15	180	26.2	300
570	L570-33V*	12	6	72	25.0	120
590	OSYL3131P***	6	3	18	13.7	150
605	L605-33V*	7	3	21	13.6	60
625	L625-33*	12	1	12	24.0	20
635	L635-33*	9	1	9	18.5	20
645	L645-33V*	6	3	18	11.3	60
660	SRK3-3A80-LE**	12	1	12	24.8	20
680	L680-33AU*	14	2	28	26.5	40
700	L700-33AU*	12	1	12	25.0	50
720	L720-33AU*	9	1	9	16.5	50
735	L735-33AU*	6	1	6	10.8	50
750	L750-33AU*	12	1	12	21.2	50
770	L770-33AU*	6	1	6	10.5	50
790	L790-33AU*	9	1	9	15.5	50
810	L810-33AU*	6	1	6	9.9	50
830	L830-33AU*	6	1	6	9.3	50
850	L850-33UP*	9	1	9	13.3	50
870	L870-33UP*	6	1	6	8.8	50
890	L890-33AU*	12	1	12	16.5	50
910	L910-33*	9	1	9	12.2	50

* Epitex Inc., Kyoto, Japan ; ** Toricon Co., Shimane, Japan
*** OptoSupply Ltd., Hong Kong, China

第15章　分光分布制御型 LED 人工太陽光光源システム

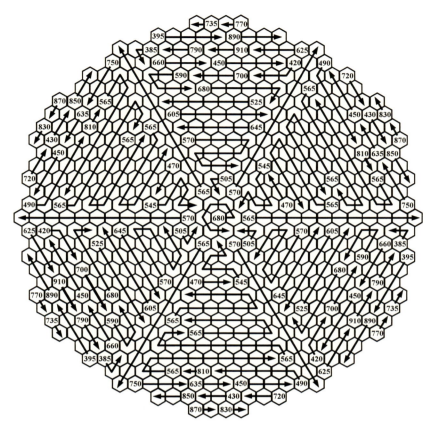

図4　LED モジュールでの各ピーク波長 LED の設置位置
各六角形はプリント基板上へ設置された LED の位置を示し，六角形の中に記載された数字はその LED のピーク波長を示す．矢印の始点から終点までの LED のピーク波長は始点のそれと同じ[6]．

5　ソフトウェア構成

　光源システムのソフトウェアは，データ / データベースおよびコンピュータプログラム（以後，単にプログラム）から成る（図6）．目標光 SID に近似した SID の光を光源ユニットの光照射口から照射するまでの作業は，表計算ソフト（Microsoft Excel）を用いて行う．そのために必要な4つのプログラムと1つのサブプログラム（図6）は Visual Basic for Applications で記述・開発されている．各プログラムの操作は，表計算ソフトのシートやフォームに配置されたボタンをクリックする，あるいはフォームやセルに数値を入力することで行う．
　ソフトウェア構成の説明は作業内容ごと，すなわち，電圧-SID データベース取得，最良近似SID 決定，および作出光照射に分けて説明する．

161

アグリフォトニクスⅢ

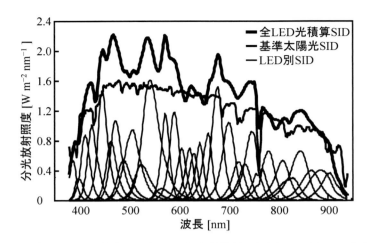

図5 全てのピーク波長 LED をそれぞれ標準順電圧を印加して点灯したときの光照射口における分光放射照度分布（SID）（全 LED 光積算 SID），参照用としての地表面における基準太陽光（JIS C 8904-3：2011）のSID を移動平均で平滑化した SID（基準太陽光 SID），およびそれぞれのピーク波長 LED を標準順電圧で点灯したときの SID（LED 別 SID）[6]

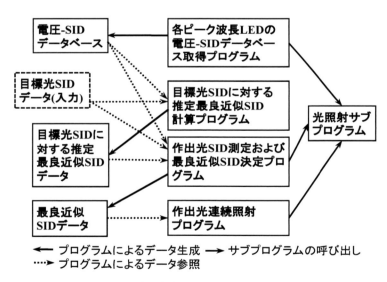

図6 LED 人工太陽光光源システムのソフトウェア構成
Fujiwara et al.（2013）[6]を詳細に記述

5.1 電圧-SID データベース取得

電圧-SID データベース取得作業では，各ピーク波長 LED への印加電圧に対する光照射口における SID（以後，光照射口 SID）についてのデータベースを取得する．具体的には，各ピーク波長 LED 光のピーク波長における分光放射照度（spectral irradiance；以後，SI）がおよそ

162

第 15 章　分光分布制御型 LED 人工太陽光光源システム

$1\,\mathrm{mW\,m^{-2}\,nm^{-1}}$ となるときの電圧を最小電圧，そのピーク波長 LED の標準順電圧を最大電圧とした 6 段階の印加電圧に対する光照射口 SID を測定する。測定は，光源ユニットの光照射口に分光放射照度計の受光部を，光が外部に漏れないように設置して行う。なお，上記 6 段階の印加電圧以外に対する SID は内挿計算により求める。こうして取得した 32 種類のピーク波長 LED についての電圧-SID データをデータベースとして格納する。

5.2　最良近似 SID 決定

最良近似 SID 決定作業では，まず，入力された目標光 SID に最も近似した SID の光を作出すべく，前述の電圧-SID データベースを参照して，各ピーク波長 LED にそれぞれ印加すべき電圧を推定する。具体的には，まず，32 種類のピーク波長 LED にそれぞれ印加する 32 の印加電圧の組に対して作出されると（電圧-SID データベースに基づいて）推定された SID と目標光 SID との波長 1 nm ごとの SI の差の二乗和（以後，積算誤差）を計算する。そして，380〜940 nm の範囲でのその積算誤差を最も小さくする場合の印加電圧の組を選択する。この印加電圧の組に対して作出されると推定した SID を推定最良近似 SID と呼ぶ。

これらの作業を自動で行うためのプログラムが，目標光 SID に対する推定最良近似 SID 計算プログラムである。なお，この推定には最急降下法を用いている。また，推定最良近似 SID を得るのに要する計算時間は，Core i7® プロセッサ搭載の PC で 15 秒以内である。

次に，その推定最良近似 SID を与える印加電圧の組を実際に各ピーク波長 LED に印加し，その作出光 SID を分光放射照度計で測定して，作出光 SID と目標光 SID の積算誤差を計算する。その積算誤差を最小とするよう各ピーク波長 LED への印加電圧のフィードバック制御をそれぞれ行い，32 種類のピーク波長 LED に印加すべき 32 の印加電圧の組を決定する。このときの計算内容は前述の方法とほぼ同様である。これらの作業を自動で行うためのプログラムが，作出光 SID 測定および最良近似 SID 決定プログラムである。

こうして最終的に，目標光 SID に最も近似することが確認された光照射口 SID を最良近似 SID と呼ぶ。最良近似 SID を決定するのに要する計算時間は，上記 PC で 5 分以内である。

5.3　作出光照射

作出光の照射は，光照射サブプログラムを呼び出して行う。異なる分光分布の光を短い時間間隔で連続して作出するためには，連続して作出するすべての目標光 SID に対してそれぞれの最良近似 SID（本質的にはピーク波長 LED への印加電圧の組）を予め決定しておく必要がある。

6　光源システムによる作出光

本光源システムにて，東京大学農学部 7 号館 A 棟屋上（東京都文京区）の快晴日（2011 年 9 月 24 日）の 6 時，8 時，10 時，12 時，14 時および 16 時における太陽光の実測の SID を目標光

アグリフォトニクスⅢ

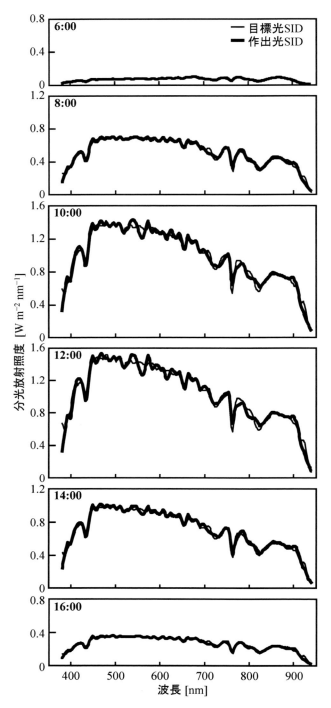

図7 東京都内9月快晴日の6, 8, 10, 12, 14 および16 時の地表面における分光放射照度分布（SID）実測値（目標光 SID），および LED 人工太陽光光源システムで作出したそれぞれの時刻の SID に対する最良近似 SID（作出光 SID）[6]

第15章 分光分布制御型 LED 人工太陽光光源システム

SID として，最良近似 SID となる光を作出した（図7）。目標光 SID によく近似していることが分かる。

また，SID の曲線形状が直角三角形，二等辺三角形，sin 曲線，および矩形である目標光 SID に対する最良近似 SID となる光を作出した（図8）。多様な曲線形状を示す SID に近似した光を作出できるといえるが，LED 光の分光分布特性からして，目標光 SID の曲線形状（矩形など）によっては，理論的にある程度以上近似させることができないものもある。

最後に，市販の蛍光体利用白色 LED（NFCWL048B-V2，日亜化学㈱）光の光量子束密度が $150\,\mu mol\,m^{-2}\,s^{-1}$ となる受光面における分光光量子束分布（spectral photon flux density

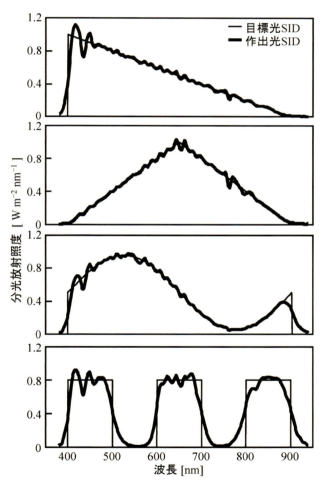

図8 種々の形状の分光放射照度分布（SID）（目標光 SID），および LED 人工太陽光光源システムで作出したそれらの SID に対する最良近似 SID（作出光 SID）[6]

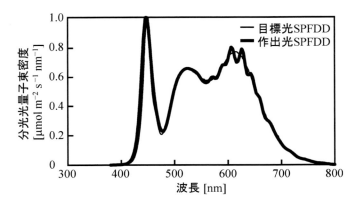

図9 蛍光体利用白色 LED（NFCWL048B-V2，日亜化学㈱）光の光量子束密度が 150 μmol m^{-2} s^{-1} である受光面における分光光量子束分布（SPFDD）（目標光 SPFDD），および LED 人工太陽光光源システムで作出したその SPFDD に対する最良近似 SPFDD（作出光 SPFDD）（Chin et al., unpublished）目標 SPFD は仕様書の相対分光放射束分布から求めた。

distribution；以後，SPFDD）を仕様書の相対分光放射束分布から求めて，その SPFDD に近似する光を作出した（Chin et al., unpublished）（図9）。ここでは1種類の蛍光体利用白色 LED についての図のみを示しているが，他にも同様にして50種類ほどの蛍光体利用白色 LED について，それらからの光の SPFDD に近似する光を作出しており，図9に示したのと同様に目標光の SPFDD によく近似した光を作出できている。このことは，本光源システムと個葉の光合成速度測定装置を用いることで，当該 LED を入手することも栽培実験用に当該 LED で LED パネル／アレイを作製することなく，個葉純光合成速度あるいは消費電力当たりの個葉純光合成速度を指標して，市販の蛍光体利用白色 LED の中から栽培対象とする植物の育成用光源に好適なものを選別できる[8]ことを示している。

なお前述の通り，本光源システムは，異なる分光分布の光を短い時間間隔で連続して作出する機能を有している。図7および8の作出光をそれぞれ上から順に2秒間隔で連続して作出すること，その逆順で作出すること，および24時間以上繰り返し連続して作出し続けることも問題なくできている。

7 おわりに

近年の科学的発見は，研究用機器の開発とその進歩の恩恵を受けてなされたものが多い。本光源システムを用いれば，従来の光源システムでは作出困難であった光環境を，高い再現性と精度で容易に作出可能である。光植物学研究への本光源システムの活用が，新たな科学的発見につながることを期待している。

第15章　分光分布制御型 LED 人工太陽光光源システム

　なお，本光源システムの開発には，引用文献 2)～6) の共著者である澤多俊成氏，合田秀太郎氏，安藤優氏，麻田鷹司氏，永島健介氏（東京大学 大学院農学生命科学研究科 生物環境工学研究室の卒業生・修了生），ならびに島根大学農学部の谷野章教授が寄与している。

文　　　献

1)　富士原和宏・米田賢治，特願 2002-332930（2002 年 11 月 15 日出願；特開 2004-166511）
2)　富士原和宏・澤多俊成，農業環境工学関連 7 学会 2005 年合同大会講演要旨集，p.324（2005）
3)　Fujiwara, K. and Sawada, T., *J. Light Visual Environ.* **30**（3），170-176（2006）
4)　Fujiwara, K. *et al.*, *Acta Hortic.* **755**，373-380（2007）
5)　Fujiwara, K. and Yano, A., *Bioelectromagnetics* **32**（3），243-252（2011）
6)　Fujiwara, K. *et al.*, *Proc. 7th LuxPacifica*, 140-145（2013）
7)　Murakami, K. *et al.*, *Physiol. Plant.* **158**（2），213-224（2016）
8)　陳元浩ほか，日本農業気象学会 75 周年記念大会講演要旨集，p.109（2018）

高機能植物の生産 編

第16章　光環境制御による葉菜類の機能性向上

庄子和博[*]

1　はじめに

　野菜輸入量の急激な増加や生産農家の後継者不足の影響で国内における野菜生産力の低下が進むなか，施設野菜生産の現場では，より高品質で付加価値の高い収穫物を得ることが収益性を高めるための主要な方向とされている。さらに，超高齢化社会の到来や健康志向の高まりを背景に，ポリフェノール，ビタミン，ミネラルなどを高蓄積する機能性野菜に対する消費者ニーズが高まってきている。当所では，農業分野の省エネ・電化促進に寄与するため，蛍光ランプや LED などの人工光源とヒートポンプを上手に活用して作物の安定生産と高品質化を両立できる植物工場技術の開発を進めている。本章では，光環境制御によるレタスとハーブの機能性向上技術および LED を用いた葉菜類の光応答メカニズムの解明に関する研究成果について紹介する。

2　レタスの機能性向上技術

　温室や植物工場などの栽培施設では，葉菜類の周年生産が可能であり，人工光源や水耕栽培システムを導入することで大幅な生産性の向上が期待できる。サニーレタスはサラダ用途で利用される主要な葉菜類のひとつであり，緑色と赤色の着色のバランスが良い栽培品種が生産者と消費者の両方に支持されている。しかし，紫外領域が少ないガラス温室や人工光環境下で温室などで水耕栽培すると，抗酸化機能を持つポリフェノールの一種であるアントシアニンの蓄積が減少して葉先が赤褐色を呈さなくなることがあるため，外観と食品機能性の両面から品質低下が問題となっていた。

　まず，蛍光ランプの波長と照射時間帯に着目して，温室水耕栽培におけるサニーレタス（品種：晩抽レッドファイヤー）の着色改善方法を検討したところ[1]，青色光を夜間に 12 時間補光すると，アントシアニン含量は光合成有効光量子束密度（Photosynthetic Photon Flux Density：以下 PPFD と略す）で 60 μmol m^{-2} s^{-1} 以上の補光強度で増加し，露地栽培とほぼ同じ着色を得るには 120 μmol m^{-2} s^{-1} の補光強度を必要とすることが明らかになった。

　次に，夜間に青色光と紫外線（UV-A および UV-B）を照射して，水耕栽培サニーレタスの成長と着色を促進する方法を調べたところ[2]，アントシアニンの蓄積による着色は青色光と UV-B

---

[*] Kazuhiro Shoji　（一財）電力中央研究所　エネルギーイノベーション創発センター
　　上席研究員

によって促進されたが，成長は青色光によって促進され，UV-B によって抑制されることがわかった（表1）。

　続いて，紫外線に青色光を併用して夜間補光した場合の影響を調べたところ[2]，無補光区と比べて，UV-A と青色光を併用して用いた場合や青色光を単独で点灯させた場合は総乾物重，葉乾物重，葉面積が増加した。UV-B と青色光を併用して用いると，無補光区と比べて，総乾物重および葉面積は増加したが，葉乾物重に差は認められなかった。アントシアニン含量は，無補光区と比べて，UV-B と青色光を併用すると 7.0 倍，UV-A と青色光を併用すると 3.7 倍に増加した（表2）。以上の検討により，青色光と紫外線を併用照射することにより，サニーレタスの成長を損なうことなくアントシアニン合成を大きく促進できることが示された。

　さらに，人工光型植物工場におけるサニーレタスの栽培を想定して，LED を用いて連続光条件における赤色光と青色光の割合がアントシアニン蓄積に及ぼす影響を検討した[3]。その結果，アントシアニン含量は B100 区と R20B80 区で最も高く，次に R50B50 区，R80B20 区の順となり，R100 区で最も低かった（図1）。光処理前の値と比較すると，R100 区が 0.4 倍と減少したが，R80B20 区が 1.4 倍，R50B50 が 1.8 倍，R20B80 区が 2.6 倍，B100 区が 2.7 倍と増加した。すなわち，アントシアニン含量は青色光の割合が高いほど大となることが示された。

表1　青色光，UV-A および UV-B の夜間補光が成長と着色に及ぼす影響

処理区	放射強度 ($W\ m^{-2}$)	総乾物重 ($g\ plant^{-1}$)	葉乾物重 ($g\ plant^{-1}$)	葉面積 ($cm^2\ plant^{-1}$)	アントシアニン含量 ($OD530\ nm\ gFW^{-1}$)
無補光区	0	0.59 b	0.52 b	345 b	0.58 b
青色光	9.4	1.48 a	1.32 a	776 a	1.87 a
UV-A＋青色光	2.5	0.63 b	0.55 b	363 b	0.74 b
UV-B＋青色光	1.0	0.38 c	0.32 c	208 c	1.83 a

夜間補光を終夜（暗期14時間），14日間行った。青色光の放射強度 9.4 $W\ m^{-2}$ は PPFD で 60 $\mu mol\ m^{-2}\ s^{-1}$ 相当。
図中の異なるアルファベットは Tukey-Kramer の多重比較検定で 5% レベルで有意差があることを示す。

表2　UV-B や UV-A に青色光を併用して夜間補光した場合の影響

処理区	総乾物重 ($g\ plant^{-1}$)	葉乾物重 ($g\ plant^{-1}$)	葉面積 ($cm^2\ plant^{-1}$)	アントシアニン含量 ($OD530\ nm\ gFW^{-1}$)
無補光区	0.77 c	0.70 b	520 c	0.55 c
青色光	1.43 a	1.30 a	688 a	1.67 b
UV-A＋青色光	1.48 a	1.35 a	669 a	2.03 b
UV-B＋青色光	0.95 b	0.86 b	513 b	3.83 a

青色光，UV-A および UV-B の蛍光ランプの放射照度をそれぞれ，9.4 $W\ m^{-2}$，2.5 $W\ m^{-2}$ および 1.0 $W\ m^{-2}$ に調節し，夜間補光を終夜（暗期14時間），14日間行った。図中の異なるアルファベットは Tukey-Kramer の多重比較検定で 5% レベルで有意差があることを示す。

第16章　光環境制御による葉菜類の機能性向上

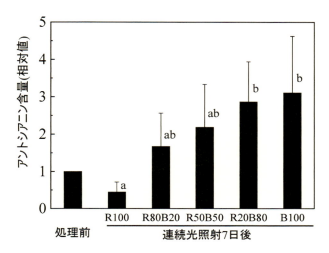

図1　赤色光と青色光の割合がアントシアニン蓄積に及ぼす影響

白色蛍光ランプ12時間日長の下で18日間生育させた苗（処理前）に連続光を7日間照射した。光処理は，赤色光を100 μmol m^{-2} s^{-1}で照射したR100区，青色光を100 μmol m^{-2} s^{-1}で照射したB100区，赤色光と青色光を混合照射したR80B20区（赤色光80 μmol m^{-2} s^{-1}と青色光20 μmol m^{-2} s^{-1}），R50B50区（赤色光50 μmol m^{-2} s^{-1}と青色光50 μmol m^{-2} s^{-1}）およびR20B80区（赤色光20 μmol m^{-2} s^{-1}と青色光80 μmol m^{-2} s^{-1}）の5段階を設定した。図中のエラーバーは標準偏差であり，異なるアルファベットはTukey-Kramerの多重比較検定で5％レベルで有意差があることを示す。

3　ハーブ類の機能性向上技術

　シソ科植物には，ポリフェノールの一種であるロズマリン酸（Rosmarinic acid）が多く含まれていることが知られている[4]。ロズマリン酸は抗酸化活性を有し，花粉症，アレルギー症状の軽減[5]および動脈硬化の抑制[6]など様々な薬理作用を示すことが報告されている。当所と中部電力㈱は，人工照明による補光を利用してシソ科ハーブ類に含まれる機能性物質を増量できれば新たな高機能野菜として差別化が可能になると考えて，夜間に青色光をPPFD 50 μmol m^{-2} s^{-1}（B区），UV-Bを0.5 W m^{-2}（UV-B区）および併用補光（B＋UV-B区）した場合にシソ科ハーブ類（スィートバジル，ホーリーバジル，レモンバーム，エゴマ，アオジソ）のロズマリン酸含量と抗酸化能に及ぼす影響を調査した[7]。

　まず，無補光区における新鮮重あたりのロズマリン酸含量を測定したところ，スィートバジルが0.7 mg g^{-1}，ホーリーバジルが2.9 mg g^{-1}，エゴマが8.7 mg g^{-1}，アオジソが6.7〜10.0 mg g^{-1}，レモンバームが8.3〜14.7 mg g^{-1}であり，レモンバーム，エゴマ，アオジソは，ロズマリン酸を多く含むシソ科ハーブであることが明らかになった。ロズマリン酸含量が比較的少なかったスィートバジルとホーリーバジルでは，B区もしくはB＋UV-B区ではロズマリン酸含量が増加もしくは増加する傾向が認められた。また，ロズマリン酸を多く含むレモンバームにおいても，

B区とB+UV-B区では増加もしくは増加の傾向が認められた。一方，エゴマとアオジソでは，本実験の光処理条件ではロズマリン酸の増量効果を得ることはできなかった。

つぎに，無補光区における抗酸化能をブチルヒドロキシトルエン濃度換算値（μM-BHT）で測定すると，スィートバジルが49 μM-BHT，ホーリーバジルが75 μM-BHT，エゴマが92 μM-BHT，アオジソが86〜90 μM-BHT，レモンバームが95 μM-BHTであった。無補光区と比較して，B区のレモンバーム，スィートバジル，ホーリーバジルでは増加もしくは増加傾向が認められ，UV-B区では減少もしくは減少傾向を示した。また，エゴマやアオジソの抗酸化能は，B区やUV-B区において影響は小さかった。

実験に用いた全てのシソ科ハーブ類を対象として，ロズマリン酸濃度と抗酸化能の関係を求めたところ，図2に示すように，以下の4つに分類できた。①ロズマリン酸が増えても抗酸化能の増加は小さい（レモンバーム），②抗酸化能は増えるがロズマリン酸の増加は小さい（スィートバジル），③ロズマリン酸が増えると抗酸化能も増加する（ホーリーバジル），④相関が明確でない（エゴマとアオジソ）。これらより，ホーリーバジルではロズマリン酸の増加が抗酸化能の増加に直接結びつき，ロズマリン酸が抗酸化能を決定づける主要成分と判断された。それに対し，

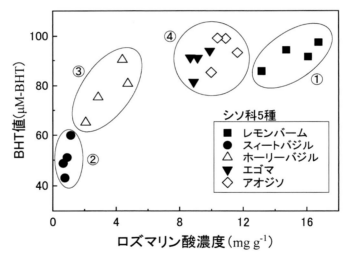

図2　シソ科ハーブにおけるロズマリン酸濃度と抗酸化能（BHT値）との関係
温室で生育させた植物体をグロースチャンバー（気温は昼夜25℃）に移し，光処理を7もしくは14日間行った。昼間はすべて白色光を200 μmol m^{-2} s^{-1}で照射し，無補光，青色光を50 μmol m^{-2} s^{-1}で照射するB区，UV-Bを0.5 W m^{-2}で照射するUV-B区，青色光とUV-Bを併用照射するB+UV-B区を設定した。スィートバジル，ホーリーバジルおよびレモンバームにおける光照射時間帯は，昼間12時間（6：00〜18：00），夜間11時間（18：30〜5：30）とした。一方，エゴマとアオジソについては，花芽形成を避けるために昼間14時間（4：00〜18：00），夜間9時間（18：30〜3：30）とした。各植物種とも光処理終了日にサンプリングしてから溶媒抽出し，分析試料とした。

第16章　光環境制御による葉菜類の機能性向上

スィートバジルでは，適切な光処理によってロズマリン酸以外の抗酸化能を高める成分が増加している可能性が示唆された。また，エゴマ，アオジソ，レモンバームでは，ロズマリン酸の増加とのトレードオフとして別の抗酸化成分が減少し，抗酸化能の変化が相殺されている可能性も考えられた。

　スィートバジルは，生葉として香りを楽しむだけでなく，乾燥バジルや香料として広く用いられているシソ科ハーブのひとつである。熱帯アジア原産であるが温暖な地域で広く栽培されており，近年は人工光型植物工場の栽培品目に選択されるケースも多くなっている。まず，スィートバジルに含有するポリフェノール成分を確認するためにメタノール抽出物を UPLC（Ultra Performance Liquid Chromatograph）によって分析したところ，クロマトグラムの保持時間 0.9 分，1.4 分，1.9 分に 3 つのピークがあらわれ，0.9 分はカフェ酸（Caffeic acid），1.9 分はロズマリン酸（Rosmarinic acid）であることが標品によって確認された（図 3A）[8]。1.4 分は未同定成分であったため UPLC/MS を用いて質量解析を行った。MS によって保持時間 1.4 分に検出されるフラグメントを質量電荷比（m/z）100-1000 の範囲で分析したところ，m/z = 163.0，295.0，497.1 のピークが検出された（図 3A）。化学式を推定した結果，m/z = 497.1 のピークは $C_{22}H_{18}O_{12}$ である可能性が示された。また，m/z = 163.0 と 295.0 のピークはそれぞれ $C_9H_7O_3$，$C_{13}H_{11}O_8$ であることが示され，$C_{22}H_{18}O_{12}$ から想定される物質であるチコリ酸（Chicoric acid）の断片であると考えられた。さらに，UPLC によってチコリ酸の標品と比較したところ，保持時間が一致したので 1.4 分の物質はチコリ酸であることが示された（図 3B）。以上の検討から，スィートバジルの主要なポリフェノール成分はロズマリン酸，カフェ酸，チコリ酸であり，ロズマリン酸が最も多量に含まれていることが分かった。なお，チコリ酸の抗酸化活性は 3 つの物質の中で最も高く，続いてカフェ酸，ロズマリン酸の順であることが報告されている[9]。

　先述のとおり，スィートバジルでは他のシソ科ハーブ類よりもロズマリン酸含量が少なく，光環境応答を利用することによってポリフェノール類を多く蓄積できる可能性が示唆されたので，光質を変化させた場合の抗酸化活性と総ポリフェノール含有量の変化を調査した[10]。青色光（B 区），赤色光（R 区）および白色光（W 区）の蛍光ランプを用いてスィートバジルに連続光照射を行ったところ，抗酸化活性と総ポリフェノール含有量は光照射を開始してから経時的に増加を示すが，7 日間処理では蛍光ランプの出力波長による違いは見られなかった（図 4）。一方，14 日間処理では抗酸化活性は白色光，赤色光，青色光の順で高く，総ポリフェノール含有量は白色光，赤色光で青色光よりも高かった。このことにより 14 日のような比較的長期間の光処理を行ってスィートバジルの総ポリフェノール含有量を高くする際には，光質を考慮する必要があることが示された。

　次に，UPLC/MS によって同定された 3 つのポリフェノールであるロズマリン酸，カフェ酸，チコリ酸の含量に及ぼす光質影響を調べた。まず，ロズマリン酸を測定するために，R 区，W 区，R 区，R50B50 区の 4 実験区を設定して連続光照射を行った。その結果，ロズマリン酸含量はいずれの実験区においても 14 日目までの間に経時的に増加していた（図 5A）。14 日目のロズマリ

175

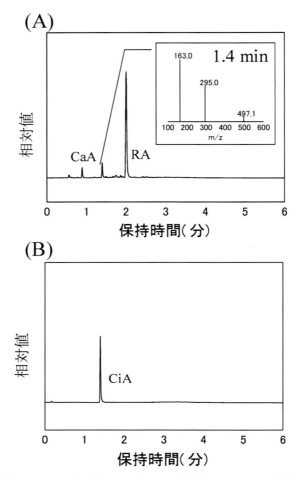

図3 スィートバジルのメタノール抽出物の UPLC/MS 解析
(A) スィートバジルのメタノール抽出物の UPLC クロマトグラム。波長は 310 nm で測定したところ，保持時間 0.9 分にカフェ酸（CaA），1.9 分にロズマリン酸（RA）が検出された。1.4 分に検出された成分を MS によって解析した結果，3 つのピークが測定された。
(B) チコリ酸（CiA）標品の UPLC クロマトグラム。

ン酸含量は，赤色領域の波長を含む R 区，W 区及び R50B50 区では 6 mg g^{-1} 程度まで増加したが，B 区では 3 mg g^{-1} 程度までにとどまった。次にカフェ酸とチコリ酸を測定するために，R 区，W 区，B 区を設定し 14 日目の含有量を測定した。その結果，カフェ酸とチコリ酸は共に R 区，W 区および B 区において光処理前よりも増加した（図 5B, C）。カフェ酸は光質による違いは認められなかったが（図 5B），チコリ酸では W 区，B 区，R 区の順に含量が高まる傾向がみられた（図 5C）。以上の結果より，スィートバジルにおいてポリフェノール類を増加させるためには連続光照射が有効であることが明らかになった。また，ロズマリン酸を蓄積させるために

第16章　光環境制御による葉菜類の機能性向上

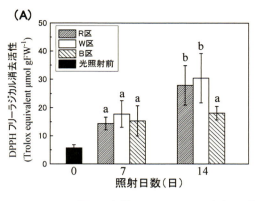 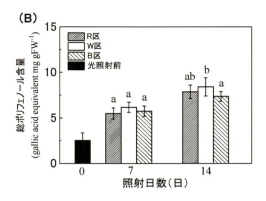

図4　光質によるスィートバジルの抗酸化活性と総ポリフェノール含量の変化

植物体に赤色光（R区），白色光（W区）および青色光（B区）の蛍光ランプを用いてPPFDを100 μmol m^{-2}s^{-1}に設定して連続光照射し，7日目と14日目に茎長付近の葉を採取してから溶媒抽出し，分析試料にした。図中のエラーバーは標準偏差であり，異なるアルファベットはTukey-Kramerの多重比較検定で5％レベルで有意差があることを示す。（A）DPPHフリーラジカル消去活性を測定し，Trolox相当量で抗酸化活性を示した。（B）フォーリンチオカルト法により，総ポリフェノール含有量を没食子酸相当量として示した。

は赤色の波長領域を含む光源が適しており，チコリ酸を蓄積させるためには，逆に青色の波長領域を含む光源が適していることが示された。一方，カフェ酸の蓄積には光質の影響が小さいことが明らかになった。

本研究により，スィートバジルを光質制御栽培することで，元来，ロズマリン酸を多く含むシソ科ハーブであるレモンバーム，エゴマ，アオジソに匹敵するロズマリン酸含量まで増量可能となり，新たな高機能野菜として差別化を図ることが可能になった。

4　葉菜類の光応答メカニズムの解明

農林水産省では，科学的根拠に基づいたLED等の光利用技術を確立し，新しい農業技術の体系化と高度化に資することを目的に，平成21～25年度の委託プロジェクト研究として「生物の光応答メカニズムの解明と省エネルギー，コスト削減技術の開発」が推進された。そこに千葉大学を中核機関とする「野菜等の光応答メカニズムの解明および高度利用技術の開発」の課題が設定され，当所は「葉菜類の光応答メカニズムの解明」を受託し，最新のLED光源を導入して光質と光強度が葉菜類（レタス，コマツナ，ホウレンソウ）の成長と有用成分蓄積に及ぼす影響の解明を実施した。本稿ではサニーレタスの機能性成分向上に関する検討結果をピックアップして紹介する。

本研究では，400～700 nmの可視光領域における葉菜類の光質応答をできるだけ詳細に調べるため，PPFDで300 μmol m^{-2}s^{-1}の出力が可能な10種類（ピーク波長：405，450，470，510，

アグリフォトニクスⅢ

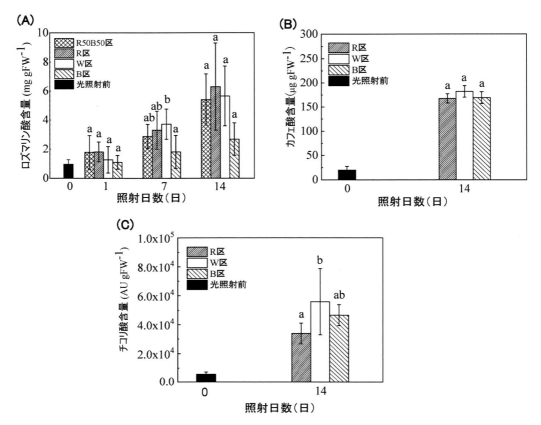

図5　光質によるスィートバジルのポリフェノール類の含量の変化
植物体に赤色光（R区），白色光（W区），青色光（B区）および赤色光と青色光（R50B50区）の蛍光ランプを用いて PPFD を $100\ \mu mol\ m^{-2}\ s^{-1}$ に設定して連続光照射し，1日目，7日目，14日目に茎長付近の葉を採取してから溶媒抽出し，UPLC の分析試料とした。（A）ロズマリン酸，（B）カフェ酸，（C）チコリ酸の含量の測定結果を示す。図中のエラーバーは標準偏差であり，異なるアルファベットは Tukey-Kramer の多重比較検定で5％レベルで有意差があることを示す。

520, 530, 620, 640, 660, 680 nm）の植物栽培評価用 LED 光源（ISL-305X302 型，シーシーエス㈱）を製作した。サニーレタスの栽培試験は以下の手順で行った。まず，種子を吸水させたウレタンキューブに播種し，白色蛍光ランプ（PPFD $120\ \mu mol\ m^{-2}\ s^{-1}$，14時間日長）の下で10日間育苗した。植物栽培評価用 LED 光源を設置した人工気象室（気温25℃，相対湿度60％，CO_2 濃度 900 ppm）に苗を定植し，光強度を3段階（PPFD 100, 200, 300 $\mu mol\ m^{-2}\ s^{-1}$）に設定して連続光条件で水耕栽培を行った。定植7日後（播種17日後）に植物体をサンプリングして機能性成分有量の測定を行った。

　サニーレタスの葉にはアントシアニンが多く含まれているが，他に含有するポリフェノール類を調べるために HPLC/MS 分析を実施した結果，クロロゲン酸とチコリ酸が多く含まれている

第16章 光環境制御による葉菜類の機能性向上

ことがわかり，さらにカフェオイルリンゴ酸，ジカフェオイル酒石酸およびジカフェオイルキナ酸が少量検出された。そこで可食部に含まれる主要ポリフェノール類の変化を調べたところ（図6），アントシアニンとクロロゲン酸の含量は青LED（450〜470 nm）で高く，緑LED（510〜530 nm）と赤LED（620〜680 nm）では低くなった。一方，チコリ酸の含量は，PPFD 100 µmol m^{-2} s^{-1}では青LEDだけで高くなったが，PPFD 200 µmol m^{-2} s^{-1}では530〜620 nmを除くLEDで高く，PPFD 300 µmol m^{-2} s^{-1}では全LEDで高くなることが明らかになった。以上から，クロロゲン酸とチコリ酸では光を介した蓄積メカニズムが異なることが示唆された。

上述のように，サニーレタスの機能性成分の蓄積は光質（波長）と光強度（PPFD）に大きく影響されるので，適切な光質制御を実施することで機能性強化による付加価値の向上が可能であることが示された。

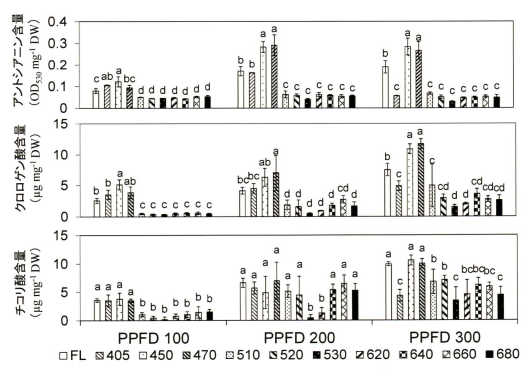

図6　サニーレタスの主要ポリフェノール蓄積に及ぼすLED波長の影響
サニーレタス種子（品種：晩抽レッドファイヤー）を吸水させたウレタンキューブに播種し，白色蛍光ランプ（FL，PPFD 120 µmol m^{-2} s^{-1}，14時間日長）の下で10日間育苗した。10種類（ピーク波長：405，450，470，510，520，530，620，640，660，680 nm）の植物栽培評価用LED光源を設置した人工気象室（気温25℃，相対湿度60％，CO_2濃度900 ppm）に苗を定植し，光強度を3段階（PPFD 100，200，300 µmol m^{-2} s^{-1}）に設定して連続光条件で水耕栽培を行った。定植7日後（播種17日後）に植物体をサンプリングして機能性成分含有量の測定を行った。図中のエラーバーは標準偏差であり，異なるアルファベットはTukey-Kramerの多重比較検定で5％レベルで有意差があることを示す。

5　おわりに

　現在，人工光型植物工場の国内普及が進展するなかで，植物工場産のレタス類やハーブ類に対する消費者の認知度や安定供給に対する信頼性が急速に高まってきている。しかし，人工光型植物工場の商用生産においては，高価格で生産物を取引できる販路開拓が重要な課題であり，顧客のニーズに適合する栽培レシピの蓄積が必要である。新規設置もしくはリニューアルされた人工光型植物工場のほとんどでは，植物栽培用光源として LED が採用されており，LED の特性を活かした機能性成分蓄積に関する技術開発に対する事業者の期待は大きい。農林水産省では，平成25～27年度「機能性を持つ農林水産物・食品開発プロジェクト」において，画期的な農林水産物やその加工品の開発及び個人の健康状態に対応した供給システムの開発が推進され，その後，内閣府の戦略的イノベーション創造プログラム中の次世代農林水産業創造技術（アグリイノベーション創出）研究開発事業に引き継がれて，新しい健康機能性の解明と健康機能性評価手法の開発が行われている。このようにわが国における農水産物の機能性強化に関する技術開発は着実に進められており，今後，人工光型植物工場を活用した機能性農産物の生産が飛躍的に拡大していくことを期待したい。

文　　献

1) 庄子和博ほか，電力中央研究所報告，U01009（2001）
2) 海老澤聖宗ほか，植物環境工学，**20**, 158-164（2008）
3) 庄子和博ほか，植物環境工学，**22**, 107-113（2010）
4) Hakkim *et al., J. Agric. Food Chem.,* **55**, 9109-9117（2007）
5) Sanbongi *et al., Clin. Exp. Allergy,* **34**, 971-977（2004）
6) 岡茂範ほか，磁気共鳴と医学，**13**, 73-75（2002）
7) 守谷栄樹ほか，農業工学関連7学会2005年合同大会講演要旨集，566（2005）
8) Shiga *et al., Plant Biotech.,* **26**, 255-259（2009）
9) Dalby-Brown *et al., J. Agric. Food Chem.,* **53**, 9413-9423（2005）
10) Shoji *et al.,* 6th International Symposium on Light in Horticulture, Proceedings, 153（2009）
11) 庄子和博ほか，農林水産技術会議事務局，研究成果 **532**, 33-42（2015）

第17章　光環境制御による薬用植物の生産と機能性向上

大橋(兼子)敬子*

1　はじめに

　最新の大規模施設園芸・植物工場実態調査・事例調査[1]によれば，平成30年2月時点において太陽光型および太陽光人工光併用型植物工場は合わせて158箇所，人工光型植物工場は182箇所である。平成23年3月時点と比べて，前者は約5.4倍，後者は約2.8倍であり，施設の普及が進んでいると見て取れる。新電力を上手に活用することにより，特に地方における植物工場産業の発展が期待できるのではないかと考える。

　太陽光型および太陽光人工光併用型植物工場では，トマト，パプリカやイチゴなどの果菜類の大量生産が精力的に推進され施設は大規模化が進んでいる。他方，人工光型植物工場の今後の役割を考えていくと，付加価値の高い野菜の生産を進めて行くことが必須であろう。ハーブや薬草，あるいは感染症予防ワクチンの生産に使用される遺伝子組換え植物などが付加価値植物の一例である。我々の研究グループはニチニチソウの薬効成分を効率生産することに取り組んできた。今回はその一例を紹介したい。

　ニチニチソウはマダガスカル原産のキョウチクトウ科の草本植物で日本の気候では1年生として育つ[2,3]。ガーデニング，道路や公園の植栽に広く利用されており，白，赤，ピンク，紫など花色のバラエティーが豊富な人気の高い花である。この植物は200種類ものアルカロイドを体内に含有している[4]。その中で二量体アルカロイドのビンブラスチンとビンクリスチンは抗がん剤の材料として用いられており，世界的に非常に有用な物質として知られている[3]。2017年現在で，主な生産国は中国でビンブラスチン硫酸塩の市場の大きさはおよそ20億円である[5]。ところが葉身中のこれらの濃度は極めて低く，1gのビンブラスチンを生産するためには乾燥させた葉身がおよそ500kg必要との報告がある[6]。そのため抽出・生産コストは高い。実際に屋外で育てていたニチニチソウから葉を摘み取って定量を試みたものの，高速液体クロマトグラフィーでは検出不可能であった。ビンブラスチンの前駆物質である単量体アルカロイドのビンドリンとカタランチンは，比較的高い濃度で含有されており，これらの単量体アルカロイドから抗がん剤を半合成することは可能である[7]。

　有用な成分として利用されるビンブラスチンはニチニチソウ葉身に含まれている。Liu et al. (2017)の最近のレビュー[8]に詳細な合成経路が示唆されている。シキミ酸経路の産物である

　＊　Keiko Ohashi-Kaneko　玉川大学　農学部　先端食農学科　教授

トリプタミンとメチルエリスリトール酸（MEP）経路に続くセコイリドイド経路の産物であるセコロガニンが縮合して生成されるストリクシジンを出発物質として，ニチニチソウ葉身の中で多くのアルカロイドが合成される。生合成経路は複雑で維管束鞘細胞，表皮細胞，異型細胞，乳管細胞と多種類の細胞の間を輸送されて合成が進んでいく。ビンドリンは最終的に異型細胞，乳管細胞の液胞に蓄積し，カタランチンは表皮細胞で合成されたあとクチクラ層に輸送されて蓄積される[9]。このようにビンブラスチンの前駆物質が離れて局在しているのでお互いの前駆物質が会合することが滅多になく，食植などによって会合することによりビンブラスチンが合成されるとの見解もある。普通に成育させただけではビンブラスチンの生産は困難であると考えられたため，まず始めにビンドリンとカタランチン収量を高める環境を探索することとした。

2 人工光型植物工場での栽培に適した品種の選抜

薬用種と呼ばれるような現地に存在するニチニチソウでは，園芸品種に比べて数倍程度アルカロイド濃度が高いものが存在する[10]。しかし，日本は名古屋議定書の締結国である。海外からの野生種などを材料として研究することは可能であるが，野生株を抗がん剤の材料とすることは生物多様性条約の制限がかかるため現実的ではない。そこで園芸品種の中から固定種と成育が大きめの品種からアルカロイド濃度が高いものを選抜することとした。固定種のケルメシア，デアルバータそしてF1種ではあるものの，大きく育つ特徴をもつタイタンを用い，それらのビンドリンとカタランチン濃度を調べた。その結果，タイタンとデアルバータが高い傾向にあった（図1）。種子の発芽率がタイタン97.1％，ケルメシア88.6％およびデアルバータ68.6％であることから，タイタンを候補品種とした。

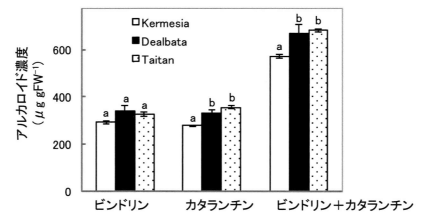

図1　白色蛍光灯で35日間成育したケルメシア（Kermesia），デアルバータ（Dealbata）およびタイタン（Taitan）葉身のアルカロイド濃度
福山ら（2013）[11]の図を改変。

第17章　光環境制御による薬用植物の生産と機能性向上

3　ビンドリンおよびカタランチンの生産に好適な光環境条件の探索

　総光強度150 µmol m^{-2} s^{-1} 一定の下，発光ダイオード（LED）を用いた赤単色光，青単色光，赤青混合光（光量子束密度比で赤：青＝1：1）および蛍光灯による白色光で播種後35日のニチニチソウを28日間栽培し，全葉新鮮重，葉のビンドリン濃度およびカタランチン濃度を測定した[11]。処理区の中で，赤単色光下で栽培されたタイタンが最も成育が良かった（図2）[11,12]。全葉のアルカロイド濃度は光質処理区間において有意差はなかった（図3）。ところが栽培期間をさらに延長して個葉である第4葉のビンドリン濃度およびカタランチン濃度の経日変化を観察した

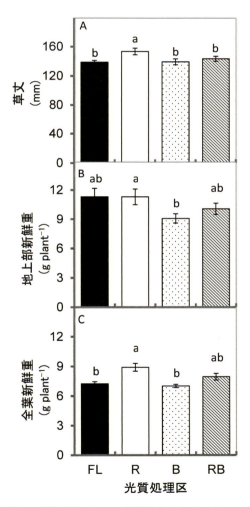

図2　異なる光質環境下で28日間成育したタイタンの草丈，
　　　地上部新鮮重および全葉新鮮重
　　　福山ら（2013）[11]の図を改変および大橋(兼子)[12]を引用。

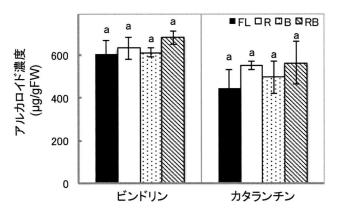

図3 異なる光質環境下で28日間成育したタイタン全葉の
ビンドリン濃度およびカタランチン濃度
福山ら（2013）[11]の図を改変。

ところ[13]，処理開始後28日を超えてから赤色単色光下のビンドリン濃度およびカタランチン濃度は白色光のそれよりも高く維持されることが分かった。処理開始後42日における赤単色光下で栽培された株あたりのビンドリン収量は白色光下でのそれに比べて有意に大きく，カタランチンもその傾向にあった（図4）。カタランチンとビンドリンのビンブラスチンへの縮合は，UV-A光や青色光などの短波長光で促進されること，またこれらの短波長光はカタランチンの分解も同時に促進することが報告されている[14]。白色蛍光からの放射にはそれらの短波長光成分が含まれている。白色光下でのビンドリン濃度およびカタランチン濃度が赤色光下のそれに比べて低いのはこれらの短波長光が白色光に含まれているからかもしれない。このことは逆に，赤色光の連続光照射はビンドリンとカタランチンを葉身に蓄積させることに効果があるといえる。

　栽培に適した赤色光強度を決定するために，赤色LEDを用いて，75，150，300および600 µmol m^{-2} s^{-1}の光強度を設定し，白色光で育苗した播種後35日のニチニチソウをこれらの光環境の下で28日間栽培した[15]。赤単色光で600 µmol m^{-2} s^{-1}の光強度はストレスであったためか葉身の黄化が顕著であった（図5）。成育は300 µmol m^{-2} s^{-1}で最も旺盛で葉身バイオマス量もその光強度で最も大であった（図6）。ビンドリン濃度およびカタランチン濃度は150 µmol m^{-2} s^{-1}で最も高かった（図7）。ビンドリンおよびカタランチンの合成過程において，ピルビン酸とグリセルアルデヒド-3-リン酸からゲラニル-2-リン酸ができる過程までは維管束鞘細胞の葉緑体に存在し，またその後のビンドリンの合成過程においても葉緑体で行われる反応がいくつか存在する[8]。そのため，光合成がクロロシスのような直接的な阻害を受けると，ビンドリンおよびカタランチンの収量は下がってしまうのかもしれない。我々は以上の結果から，最適な赤色光強度は150 µmol m^{-2} s^{-1}から300 µmol m^{-2} s^{-1}の範囲にあると判断した。

第17章　光環境制御による薬用植物の生産と機能性向上

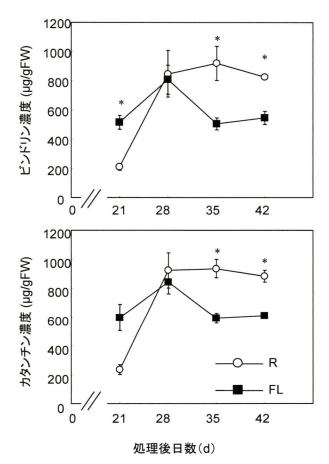

図4　タイタン第4葉のビンドリン濃度（上）および
カタランチン濃度（下）の経日変化
FL：白色蛍光灯（■），R：赤色LED（○）を示す。
大橋（兼子）[13]を引用。

4　UV-A補光照射によるビンブラスチンの生産

　蛍光灯を用いて近紫外光（ピーク波長370 nm）あるいは青色光のような短波長光をニチニチソウシュートカルチャーや切離葉に照射すると，ビンドリンとカタランチンの縮合反応が促進して3',4'-アンヒドロビンブラスチンの合成とそれに続くビンブラスチンの合成が促進されることが報告されている[16]。短波長光照射によって表皮組織に局在するカタランチンがフラビンモノヌクレオチドの酸化を介して酸化されることに端を発する反応と考えられている。播種からおよそ2か月成育させたニチニチソウにUV-A光を照射し，植物工場において高効率にビンブラスチンの生産を行うことを試みた。380 nmにピーク波長をもつUV-A蛍光灯を用いて，UV-A光の

アグリフォトニクスⅢ

図5 異なる赤色光強度で4週間処理した播種後63日目のニチニチソウの画像
光強度は75(A), 150(B), 300(C) および600(D) μmol m^{-2} s^{-1}。
Fukuyama et al. (2015)[15]を改変。

※こちらの図は，弊社Webサイト (https://www.cmcbooks.co.jp) の本書紹介ページより，カラー版をご覧いただけます。

第17章　光環境制御による薬用植物の生産と機能性向上

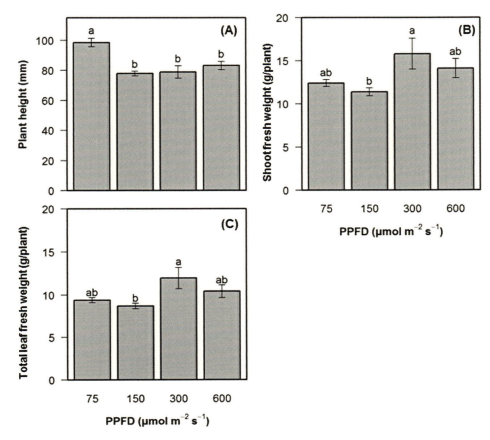

図6　異なる赤色光強度で4週間処理した播種後63日目のニチニチソウの草丈（A），
地上部新鮮重（B）および全葉新鮮重（C）
Fukuyama et al.（2015）[15]を改変。

強度を0，1，5および10 W m^{-2} にそれぞれ設定し，ニチニチソウリーフディスクに5日間照射した実験では10 W m^{-2} で最も高いビンブラスチン濃度を示し，500 µg gDW を示した[17]。これに伴い前駆物質であるビンドリンおよびカタランチン濃度は低下した（図8）。このビンブラスチン濃度は，HPLC で検出できる限界のレベルに近いが，LC-MS では十分に定量化できる。露地で栽培した場合には LC-MS でもビンブラスチンを検出できないことを考慮すると，かなり高効率に生産できていると考えられる。また株の下位に着生する老化葉よりも上位に着生する若い葉でよりビンブラスチン合成能力が高かった。我々は，UV-A 光が直接的に葉身に照射されないとビンブラスチンが葉身に蓄積しないことを確認している。如何に全葉に UV-A を照射するのかが今後の鍵となる。次のアプローチとして遺伝子組換え技術を用いてアルカロイドを高濃度に発現するニチニチソウ株を作成し，その株に UV-A を照射することなどを現在進めているところである。

アグリフォトニクスⅢ

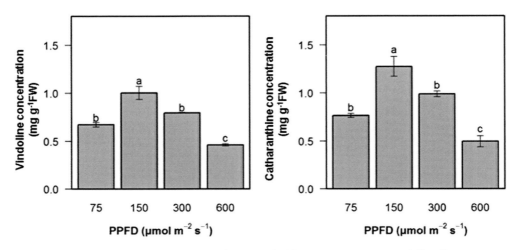

図7　異なる赤色光強度で4週間処理した播種後63日目のニチニチソウ第4葉の
　　　ビンドリン濃度（左）およびカタランチン濃度（B）
　　　Fukuyama *et al.* (2015)[15)]を改変。

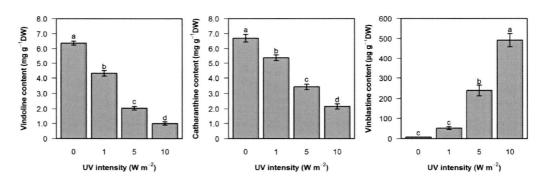

図8　150 μmol m^{-2} s^{-1}の赤色光強度に異なる強度のUV-A光（0, 1, 5および10 W m^{-2}）を
　　　補光して5日間照射されたニチニチソウ葉身のビンドリン濃度（左），カタランチン濃度（中
　　　央）およびビンブラスチン濃度（右）

文　　献

1) 平成29年度次世代施設園芸地域展開促進事業（全国推進事業）事業報告書（別冊1）大規模施設園芸・植物工場実態調査・事例調査　一般社団法人日本施設園芸協会（2018）
2) エッセンス薬用植物学　久道周次，大澤啓助（編）（1998）
3) Fukuyama T. *et al.*, *Environ. Control Biol.* **55**（2）：65-69（2017）
4) De Luca V. *et al.*, *Curr. Opin. Plant. Biol.* **19**：35-42（2014）

第 17 章　光環境制御による薬用植物の生産と機能性向上

5)　ビンブラスチン硫酸塩の世界市場 2018　H＆I グローバルリサーチ㈱（2018）
6)　Noble R. L. *Biochem. Cell Biol.* **68**：1344-1351（1990）
7)　Hirata K. *et al., J. Ferment. Bioeng.* **70**（3）：193-195（1990）
8)　Liu J. *et al., Int. J. Mol. Sci.* **18**, 53（2017）
9)　Roepke J. *et al., PNAS.* **107**（34）：15287-15292（2010）
10)　Dutta A. *et al., Planta.* **220**：376-383（2005）
11)　福山ら　植物環境工学　**25**（4）：175-182（2013）
12)　大橋（兼子），農業電化 **69**（5）：8-13（2016）
13)　大橋（兼子）ら　玉川大学学術研究所紀要　**18**：61-70（2012）
14)　Hirata K. *et al., J. Biosci. Bioeng.* **87**（6）：781-786（1999）
15)　Fukuyama T. *et al., Environ. Control Biol.* **53**（4）：217-220（2015）
16)　Hirata K. *et al., Planta Med.* **59**：46-50（1993）
17)　Fukuyama T. *et al., Environ. Control Biol.* **55**（2）：65-69（2017）

第18章　紫外線照射によるファイトケミカル合成の促進

後藤英司[*]

1　はじめに

　紫外放射（Ultraviolet radiation；UV）のうちで植物に影響を及ぼすのはUV-A（315〜400 nm）とUV-B（280 nm〜315 nm）であり，数種類の光形態形成反応を引き起こすことが知られている。紫外線の強度の指標には光量子と放射束の両方とも使用される。UV-Aは，青色光受容体が信号として検知する光形態形成反応がある。この場合は，その強度を光量子束密度（単位：mol m^{-2} s^{-1}）で示すことが多い。UV-BはUV-Aや可視光に比べて光量子当たりのエネルギーが大きいため，葉の表面などに損傷や障害を与えることがある。この場合にはその強度を放射束密度（単位：W m^{-2}）で示すことが多い。

　メタルハライドランプや蛍光ランプは本来は紫外放射を含んでいるが，一般照明用途では紫外放射は不要なのでそれをカットして商品化しているため，紫外線の放射量が少ない。また蛍光ランプは多少の紫外線を放射するが，一般照明用のLEDは紫外線をあまり放射しない（表1）。そのため植物工場の葉菜類は太陽光下の生産物に比べて着色や機能性成分含有量が劣る可能性がある。実際に，LEDを用いる植物工場では，紫外線が誘導するアントシアニンの着色や抗酸化成分の蓄積が少ないことがしばしば問題になっている。そこで，UVランプを用いて，適度な

表1　ランプの波長特性の例（単位：μmol s^{-1}）

波長域（nm）	白色蛍光ランプ （5,000 K）	白色 LED （5,000 K）	白色 LED （3,000 K）
300-400（UV-AとUV-B）	1.0	0.1	0.0
400-700（PPFD）	100.0	100.0	100.0
400-500（Blue）	26.5	22.9	19.8
500-600（Green）	43.2	43.8	36.6
600-700（Red）	30.3	33.2	43.6
700-800（Far-red）	3.6	4.6	3.5
B/R	0.88	0.69	0.45
R/FR	8.45	7.20	12.55

※ 5,000 K と 3,000 K は色温度。各値は PPFD を 100 とする場合の数値。

＊　Eiji Goto　千葉大学　大学院園芸学研究科　教授

第18章　紫外線照射によるファイトケミカル合成の促進

UV照射を行い，ファイトケミカル含有量を増加させる手法が注目されている。

2　ファイトケミカル

植物由来の化学物質（ファイトケミカル）として身体の調節機能に関して抗菌作用，解毒作用，抗酸化作用，抗腫瘍活性，代謝改善などの効果，および生活習慣病の予防効果を持つ成分がある。たとえば緑黄色野菜が有するファイトケミカルには，

①フラボノイド（アントシアニン，ケルセチンなど），
②フェニルプロパノイド（ロズマリン酸，クロロゲン酸など）
③テルペノイド（カロテノイド類：β-カロチン，ルテインなど，精油：ペリルアルデヒド，リモネン，シネオールなど）
④有機硫黄化合物（メチオニン類：グルコシノレートイソチオシアネート類：スルフォラファンなど）

などがある（図1）。これらはほとんどが二次代謝物質であり，その多くは植物工場において制御が容易な環境ストレス付与により高濃度化，高含有量化が期待できるため，機能性成分を増加させる生育制御法の開発が期待されている。

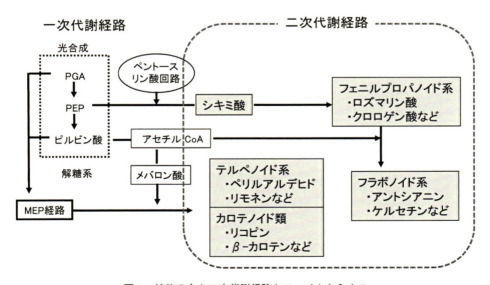

図1　植物の主な二次代謝経路とファイトケミカル

3　UVとファイトケミカル

植物はUV放射を受けると表皮組織が酸化ストレスを受けて活性酸素種を生成する。活性酸素種を除去するために，抗酸化成分の蓄積が促進される[1]。たとえば野菜や薬用植物の葉では，フラボノイド，フェニルプロパノイド，テルペノイドなどのファイトケミカルの蓄積が促進される。その理由は，UVが植物に照射されると表皮で酸化反応を引き起こすため，その防御機構として抗酸化能力を持つ物質の合成が促進されるためである。特にフラボノイドとフェニルプロパノイドの多くはフェノール基を複数持ち，ポリフェノール類と呼ばれ，抗酸化能力が高い。そのため，UV照射によるポリフェノール類の含有量の増加が期待できる。

4　赤系リーフレタス

4.1　紫外線LEDを用いた試験

既往の研究から，赤系リーフレタスのアントシアニンの生合成・蓄積の促進に有効な波長域が明らかにされている。青色光や可視光域よりも短い波長を持つUVがアントシアニンの生合成を促進することが，他の作物も含め多数報告されている。アントシアニンはUV領域に吸収の波長域を持つ[2]。しかしUVによるアントシアニン等の抗酸化成分の生合成および蓄積の促進効果が，波長依存的な反応によるものか量的な反応によるものか明確ではなかった。

本項では筆者らが最近行った紫外線LEDを用いた研究を紹介する[3]。供試植物は赤系リーフレタス（'レッドファイヤー'）とした。発芽後，14日間白色蛍光灯下で育苗し，UV処理を開始した。主光源には赤色LEDを用いて，UV光源として310，325および340 nmをピーク波長とする3種類の紫外線LED（UV-LED；DOWAホールディングス㈱）を用いた（図2，図3）。一

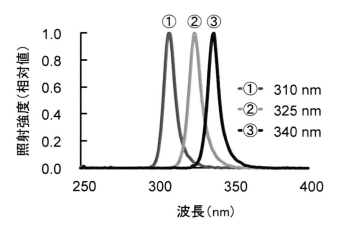

図2　紫外線LEDとその分光スペクトル

第18章 紫外線照射によるファイトケミカル合成の促進

図3 紫外線LEDと照射ユニット

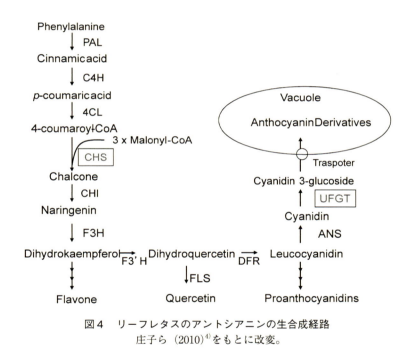

図4 リーフレタスのアントシアニンの生合成経路
庄子ら（2010）[4]をもとに改変。

般に主光源として使用される白色蛍光灯や白色LEDには微量のUVが含まれている。そこで本試験では，UV照射による影響のみを見るために，UVの含まれていない赤色LEDを主光源とした。

4.2 UV照射下のアントシアニン生合成遺伝子の発現

アントシアニンの生合成経路を簡略化したものを図4に示す。赤系リーフレタスのアントシアニンの生合成経路の中で，庄子ら[4]が赤色光と青色光の比率が赤系リーフレタスのアントシアニ

ン生合成遺伝子に及ぼす影響を調査した中で，青色単色光下で生合成遺伝子の発現変化が特に大となった上流の chalcone synthase (*CHS*) および下流の glucose-flavonoid 3-*o*-glucosyl transferase (*UFGT*) の遺伝子を発現解析の対象とした。

　アントシアニン生合成経路の遺伝子の発現の変動を調査することで，アントシアニンの生合成の促進に効果的な UV 波長や，生合成が促進されるために要する UV 照射の期間，遺伝子発現量がピークを迎えるタイミングが明らかとなる。UV 強度を $0.5\,W\,m^{-2}$ に設定して UV 照射を行ったところ，UV の波長が短いほど CHS の mRNA 発現量の上昇が早くみられること，UFGT の mRNA 発現量は明期中に上昇する傾向があることが明らかとなった（図5）。

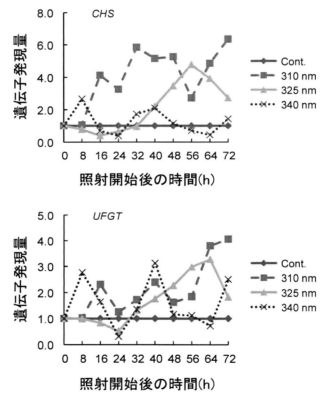

図5　UV 照射下の赤系リーフレタス葉の CHS と UFGT の mRNA の発現量
3日後の第3葉から Total RNA を抽出して RT-RT-PCR 法で酵素遺伝子の発現量を解析した。内部標準遺伝子は Actin。n=3。
対照区（UV 無照射）の発現量を1.0として表示している。
異なる文字間に5％水準で有意差あり（他の結果図も同様）。

第18章　紫外線照射によるファイトケミカル合成の促進

4.3　UV照射下のアントシアニン含有量と抗酸化能

図6は3日間のUV照射後の葉の様子である。葉は310 nmでもっとも赤くなっていることがわかる。乾物重あたりのアントシアニン濃度および総抗酸化能（ORAC値）はUV照射区でCont.区と比較して大となる傾向がみられ，特に310 nm区で大となった（図7）。アントシアニン濃度の経時変化はUFGTのmRNA発現量の変動と似たような傾向を示した。以上のことから，短波長ほど光量子が持つエネルギーが大きいため，葉内の防御反応がより引き起こされ，アントシアニン生合成経路が活性化してアントシアニンの生合成が促進されたと考えられた。また，アントシアニン以外の抗酸化能力を持つポリフェノール類も増加していると推測された。

以上のことから，アントシアニンの生合成の促進効果は波長依存的であること，310 nm付近をピーク波長とするUV光が効果的であると示唆された。

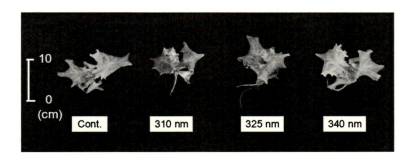

図6　異なる波長のUV照射下で育成した赤系リーフレタス
UVは明期（16h）中に照射。試験期間は3日間。
※こちらの図は，弊社Webサイト（https://www.cmcbooks.co.jp）の本書紹介ページより，カラー版をご覧いただけます。

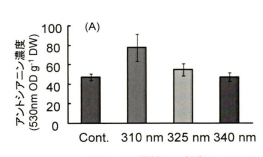 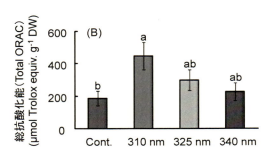

図7　UV照射下の赤系リーフレタス葉のアントシアニン濃度と総抗酸化能
総抗酸化能としてORACを測定した。n=7～8。

5　ハッカとモロヘイヤ

5.1　ハッカ

ニホンハッカ（*Mentha arvensis* L. var. *piperascevs*）はシソ科ハッカ属の植物であり，薬用効果のある精油を生産する。この精油は，植物体の地上部表面に存在する二種類の腺鱗で合成され，蓄積される。精油の原料としてハッカ属ではニホンハッカ，ペパーミントおよびスペアミントなどがインド，中国およびアメリカなどで栽培されている。そのなかでも，ニホンハッカの精油はl-メントールを最も多く含んでいる。近年，天然のl-メントールは需要が拡大しており，漢方を含む医薬品，菓子類，化粧品およびタバコに用いられている。

生薬や天然のl-メントールの原料とするために，一定品質のニホンハッカを安定的に供給する必要がある。しかし，ハッカ属の植物の成長，精油の成分およびその組成は，栽培地の気候や季節，および栽培地の地下部環境などに影響されることが報告されている。本項では，薬用成分を増加するためにUV照射を適用できるか調べてみた[5]。

図8はニホンハッカに紫外線処理をしたときの薬用成分の変化である。ニホンハッカの葉には，l-メントールを主成分とする複数の有効成分が蓄積する。紫外線を付加することでl-メントール濃度が高まった。リモネンという薬用成分も同様に増加した。図8の葉の濃度は右図に示す葉位（L，M，H）別に分析している。この結果から，光照射の影響を受けにくい下位（L）および中位の成熟葉では効果が少ないことがわかる。実用化にあたっては効率的な照射法を開発す

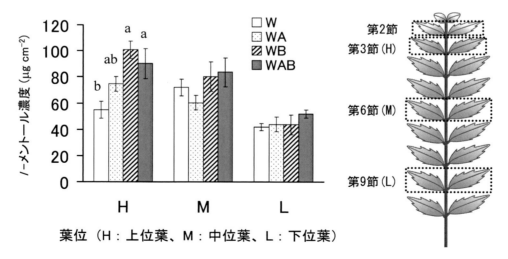

図8　異なる紫外線（UV-A，UV-B）の組み合わせで育てたニホンハッカの葉のl-メントール濃度
Wは白色光（3波長形白色蛍光ランプ，光合成有効光量子束PPFDで250 μmol m^{-2} s^{-1}）のみの照射，WAは白色光にUV-A（ピーク波長360 nm）を付加，WBは白色光にUV-B（ピーク波長306 nm）を付加，WABは白色光にUV-AとUV-Bを同時付加した。照射処理は7日間。

第18章　紫外線照射によるファイトケミカル合成の促進

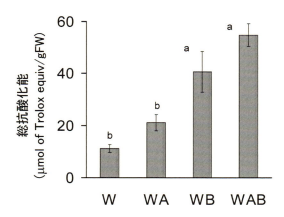

図9　異なる紫外線（UV-A, UV-B）の組み合わせで育てた
　　　ニホンハッカの葉の抗酸化能

ることが必要になる。

　生育を阻害しない程度の適度なUV照射は野菜の抗酸化成分の合成を誘導するという報告例が多い。ニホンハッカの場合も薬用成分濃度が増加するだけでなく，葉の抗酸化能が高まることが示された（図9）。以上のことから，適度なUV照射は紫外線ストレスとして葉の抗酸化能を高め，薬用成分の合成に影響を及ぼすと考えられる。

5.2　モロヘイヤ

　モロヘイヤ（*Corchorus olitorius* L.）はシナノキ科の一年生草本であり，エジプトを中心にアフリカ，インド，フィリピンなどで広く栽培されている。日本には1984年に食用として本格的に導入され，ビタミンや食物繊維が豊富な野菜として注目されてきた。スープやお浸しのほか，最近ではクッキーや青汁など加工品の材料としても需要が高まっている。

　モロヘイヤにはクロロゲン酸やケルセチンなどの機能性成分が多く含まれ，それらの持つ抗酸化作用は生活習慣病の予防に効果を示すことが知られている[6]。モロヘイヤの抗酸化活性は主にポリフェノール類によるものであり，中でもクロロゲン酸は含有量が多く，抗酸化活性も強いことからモロヘイヤの主要な抗酸化成分である。本項では，明期中のUV-AおよびUV-B照射が生育，抗酸化能およびクロロゲン酸含有量に及ぼす影響を調査した[7]。

　供試材料は白色蛍光灯下で播種後35日間育成したモロヘイヤに7日間，明期中にUV照射を行った。クロロゲン酸濃度はUV強度が増加するにつれて増加する傾向があり，同じUV強度で比べるとUV-AよりもUV-Bの効果が大きいことが明らかとなった（図10）。このUV強度範囲でのUV照射は生育を抑制することはなかった。本結果から，葉に障害が起こらない範囲でUV照射を行うことでクロロゲン酸濃度の高いモロヘイヤを生産できることが示された。

197

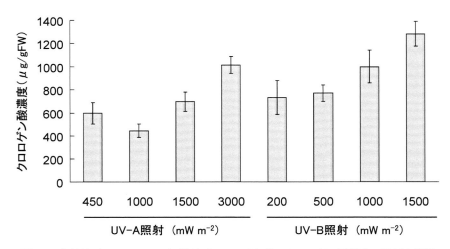

図10 紫外線（UV-A，UV-B）照射がモロヘイヤ葉のクロロゲン酸濃度に及ぼす影響

6 おわりに

　紫外線のうち効果のあるのはUV-AおよびUV-Bである。光合成の促進に適する波長域と機能性成分の合成に適する波長域が異なるために，栽培が容易な葉菜類といえども波長組成の最適化は簡単ではない。植物工場で用いる光源は主に照明用の光源として商品化されたものを流用している。メタルハライドランプや蛍光ランプは本来は紫外放射は含んでいるが，一般照明用途では紫外放射は不要なのでそれをカットして商品化しているため，紫外線の放射量が少ない。

　そのため植物工場の葉菜類は太陽光下の生産物に比べて着色や機能性成分含有量が劣る可能性がある。しかしUV強度が高すぎると葉に障害が発生して成長が低下するため，UV強度を適切な範囲に保つ工夫が必要である。現在，紫外放射を付加するために利用できる光源として紫外線蛍光ランプである。紫外線蛍光ランプでは，UV-Aランプ，UV-Bランプとも波長域の狭いタイプと広いタイプが販売されている（図11）。そのため，光源の選定と試験結果の解釈を複雑にしている。現状では紫外線と機能性成分の関係についての基礎データが不十分であり，今後の研究の発展が期待される。

第18章　紫外線照射によるファイトケミカル合成の促進

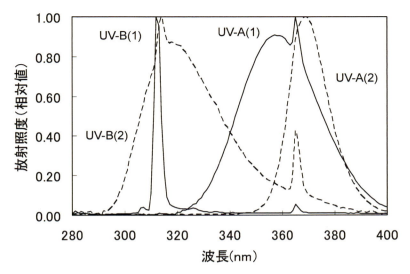

図11　UV-AランプとUV-Bランプのスペクトル例
それぞれ2種類の市販のランプのスペクトルを紫外線分光放射計で測定し，最大値を1として表示。

文　　献

1) 野内勇　編著，大気環境変化と植物の反応，養賢堂（2001）
2) 武田幸作，齋藤規夫，岩科司　編，植物色素　フラボノイド，㈱文一総合出版（2013）
3) Goto, E., Hayashi, K., Furuyama, S., Hikosaka, S. Ishigami, Y., Effect of UV light on phytochemical accumulation and expression of anthocyanin biosynthesis genes in red leaf lettuce. *Acta Hort.*, **1134**, 179-185（2016）
4) 庄子和博，後藤英司，橋田慎之介，後藤文之，吉原利一，赤色光と青色光がレッドリーフレタスのアントシアニン蓄積と生合成遺伝子の発現に及ぼす影響，植物環境工学，**22**（2）: 107-113（2010）
5) Hikosaka, S., Ito, K., Goto, E., Effects of Ultraviolet Light on Growth, Essential Oil Concentration, and Total Antioxidant Capacity of Japanese Mint. *Environ. Control in Biol.*, **48**（4），185-190（2010）
6) 小西信幸，モロヘイヤの栽培方法，今月の農業，**43**，66-69（1999）
7) Goto, E., Plant production in a closed plant factory with artificial lighting. *Acta Hort.*, **956**, 37-49（2012）

付　録

植物用 LED 照明器具特性表のガイドライン

後藤英司[*1]，富士原和宏[*2]
特定非営利活動法人植物工場研究会
一般社団法人日本植物工場産業協会

1 はじめに

特定非営利活動法人植物工場研究会，一般社団法人日本植物工場産業協会の両団体では 2018 年 8 月より「植物用 LED 照明器具特性表のガイドライン」を公開し，特性表の記入ファイルを公開している。本稿ではその内容を紹介する。

2 背景

近年の LED 照明の性能の向上はめざましい。人工光型植物工場の光源として，また太陽光型植物工場・温室における補光栽培・電照栽培の光源として LED の導入が盛んであり，今後さらなる普及拡大が期待されている。他方，その進展が早くかつ多様なこともあり，LED 照明器具の各種仕様・特性の表示項目・表示法などはメーカーごとに異なり，また，論文等の学術文書における光環境条件の記述項目およびそれらの測定法も研究者により異なっている。このような状況は，農園芸用の LED 照明の市場の混乱を招き，関連学術分野の発展を抑制しかねない。

この状況を解消するためには，各種仕様・特性表示およびそれらの測定法に関するガイドラインの作成が必要である。そこで本研究会および本協会が連携して研究会内に LED メーカー，LED を使用する植物工場・施設園芸企業，学識経験者などで構成する LED 植物照明調査研究委員会（2015 年 9 月〜現在）を設け，植物用 LED 照明器具特性表の作成に関する調査研究を行ってきた。今回その内容を 2018 年 8 月にガイドラインとして公表した。

利用の際は，最新版を各団体のホームページで確認し，特性表ファイルをダウンロードして利用するのが望ましい。

[*1] Eiji Goto　千葉大学　大学院園芸学研究科　教授
[*2] Kazuhiro Fujiwara　東京大学　大学院農学生命科学研究科　教授

アグリフォトニクスⅢ

植物用 LED 照明器具　性能項目一覧

会社名 Manufacturer	
商品名（モデル名） Trade name	
型番 Model number	
測定者 Measurer	
測定年月日 Measurement date	
記入者 Respondent's contact name	
記入年月日 Date of description	
変更記録 Change record	

項目グループ Item group	項目名称 Item	単位 Unit	入力欄 Write-in column	計測器／ 計測法 Measuring instrument/ method	備考 Remarks
測定条件 Measuring condition	周囲温度 Temperature of ambient air	℃			
電力 Power	電源電流種類 Power-supply current type	－			AC/DC
	電圧 Voltage	V			
	電流 Current	A			
	消費電力 Effective power consumption	W			LED ランプの点灯および調光に必要なすべての電力を含めるコンポーネントごとの消費電力を分けて記載してもよい Total power consumption for lighting and controlling light output. Separate description of power consumption for each component is acceptable.
分光特性 Spectral characteristics	分光光量子束分布 Spectral photon flux distribution	別紙に記載のこと[1] To be shown separately[1]			波長範囲は 300-800 nm 横軸：波長［nm］ 縦軸：分光光量子束［μmol s^{-1} nm^{-1}］ （測定器の仕様により，上記より狭い波長範囲でも可） Wavelength：300-800 nm X-axis：wavelength［nm］ Y-axis：spectral photon flux ［μmol s^{-1} nm^{-1}］

植物用 LED 照明器具特性表のガイドライン

分光特性 Spectral charact eristics	分光放射束分布 Spectral radiant flux distribution	別紙に記載のこと[1] To be shown separately[1]		波長範囲は 300-800 nm 横軸：波長［nm］ 縦軸：分光放射束［W nm^{-1}］ （測定器の仕様により，上記より狭い波長範囲でも可） Wavelength：300-800 nm X-axis：wavelength［nm］ Y-axis：spectral radiant flux ［W nm^{-1}］
	光合成有効光量子束 （PPF） Photosynthetic photon flux	μmol s^{-1}		波長範囲は 400-700 nm Wavelength：400-700 nm
	光合成有効放射束 Photosynthetic radiant flux	W		波長範囲は 400-700 nm Wavelength：400-700 nm
	光束 Luminous flux	lm		
	色温度 Color temperature	K		白色系以外の LED ランプでは，省略してもよい Only for white LEDs
	平均演色評価数（Ra） Color rendering index	−		白色系以外の LED ランプでは，省略してもよい Only for white LEDs
配光特性 Light distribution characteri stics	配光曲線 Light distribution curve	別紙に記載のこと[1] To be shown separately[1]		
効率 Efficiency/ Efficacy	光合成有効光量子数効率 Photosynthetic photon number efficacy	μmol J^{-1}		波長範囲は 400-700 nm Wavelength：400-700 nm
	光合成有効放射効率 Photosynthetic radiant energy efficiency	J J^{-1}		波長範囲は 400-700 nm Wavelength：400-700 nm
	発光効率 Luminous efficacy	lm W^{-1}		
保守性 Maintaina bility	寿命（PPF90%） Product lifetime from the viewpoint of PPF decrease	h		PPF が初期の 90％ に達するまでの時間 Time to 90% of the initial PPF
	防塵・防水性 Waterproof and dust proof characteristics	−		IP コード（2 数字表記） IP code（double-figure notation）

[1] 図に加えて実測値データファイルの配布が可能なこと
[1] Graph and measured data files should be submitted.

3 留意点

本ガイドラインは，照明器具を複数取り付ける栽培棚の受光状態，補光栽培における群落の受光状態，植物の光合成・形態形成への影響などは対象外である。あくまでも照明設計に必要なLED照明器具の仕様・特性の表示項目・表示法の指針である。

特性表の作成にあたっては，積分球を用いた全光束測定システム，配光測定システム，分光放射計などが必要になる。これらの機器は高価であるが，受託測定を行っている大阪市立工業研究所，東京都立産業技術研究センターなどの公立機関や民間企業を活用するとよい。

4 特性表

照明器具のメーカーおよび販売会社がガイドラインに示す照明器具特性表をカタログや仕様書に添付することが望ましい。特性表はダウンロードして各項目を記入すること。

植物用LED照明器具特性表のガイドライン

別紙

1 同一光源の分光光量子束分布と分光放射束分布の例

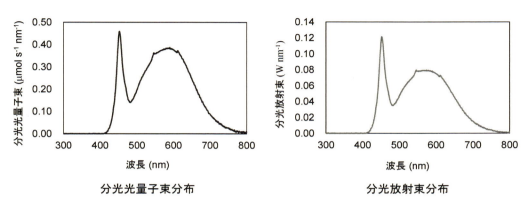

分光光量子束分布 　　　　　　　　　分光放射束分布

図に加えて，CSV形式等のデータファイルを添付すること

2 配光曲線

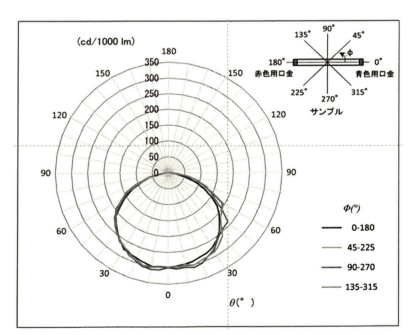

図に加えて，IES（Illuminating Engineering Society）フォーマットファイル等のデジタルデータを添付すること

アグリフォトニクスⅢ

補足

1 光源比較の現状

　照明器具に使われている光源の波長特性を比較する際に，学術文書では表1のような内容を記載することがある。これは波長域別の光量子束を比較できるため有用である。たとえば同じ色温度の光源間で蛍光ランプとLEDではB/R比が異なることや，LED間で色温度が違うとB/R比が異なることを理解できる。しかし照明器具としての電気エネルギーから光エネルギーへの変換効率や配光分布などの特性は読み取れない。そこで照明器具のメーカーおよび販売会社がガイドラインに示す照明器具特性表をカタログや仕様書に添付することが望ましい。

表1　白色光源の分光特性（光量子束）

特性	白色蛍光ランプ（5,000 K）	白色LED（5,000 K）	白色LED（3,000 K）
波長域（nm）			
400-700（PPFD）	100.0	100.0	100.0
300-400（UV）	1.0	0.1	0.0
400-500（Blue）	26.5	22.9	19.8
500-600（Green）	43.2	43.8	36.6
600-700（Red）	30.3	33.3	43.6
700-800（Fer-red）	3.6	4.6	3.5
B：R	0.88	0.69	0.45
R：FR	8.45	7.20	12.6

参考資料

1　書籍

CIE S 025/E:2015「LEDランプ，モジュールおよび照明器具の試験方法」解説，日本照明委員会（JCIE），JCIE-003，2016発行

LED植物照明調査研究委員会

後藤　英司*	千葉大学
富士原　和宏**	東京大学
竹内　良一**	昭和電工株式会社
秋山　卓二	株式会社プランテックス
金満　伸央	スタンレー電気株式会社
賀　冬仙	中国農業大学
木本　徳胤	京セラ株式会社
古在　豊樹	NPO植物工場研究会
桜井　弘	ウシオライティング株式会社

植物用 LED 照明器具特性表のガイドライン

庄子　和博	（一財）電力中央研究所
辻　昭久	日本アドバンストアグリ株式会社
中西　岳	株式会社日本医化器械製作所
中村　謙治	エスペックミック株式会社
林　絵理	NPO 植物工場研究会
丸尾　達	千葉大学
魯　娜（Lu Na）	千葉大学
渡邊　博之	玉川大学

＊委員長，＊＊副委員長

アグリフォトニクスⅢ
―植物工場の最新動向と将来展望―

2018 年 11 月 30 日　第 1 刷発行

監　　修	後藤英司	（T1093）
発 行 者	辻　賢司	
発 行 所	株式会社シーエムシー出版	
	東京都千代田区神田錦町 1−17−1	
	電話 03（3293）7066	
	大阪市中央区内平野町 1−3−12	
	電話 06（4794）8234	
	http://www.cmcbooks.co.jp/	
編集担当	深澤郁恵／町田　博	

〔印刷　倉敷印刷株式会社〕　　　　　　　　　　　　　　ⓒ E. Goto, 2018

本書は高額につき，買切商品です。返品はお断りいたします。
落丁・乱丁本はお取替えいたします。

本書の内容の一部あるいは全部を無断で複写（コピー）することは，
法律で認められた場合を除き，著作者および出版社の権利の侵害
になります。

ISBN978−4−7813−1352−8　C3058　¥72000E